實戰高可用性

Hyper-V

使用Nano Server與Server Core
建置永不停機系統

序

現在一個具規模的系統架構，採用虛擬化去建置已是普遍的做法，且虛擬化更是雲端的基礎。目前虛擬化產品的兩大龍頭：VMware 與 Hyper-V 各有其優缺點，但其中還是以 VMware 為大宗。

Hyper-V 固然有其優點，但最為人詬病的是，既然是執行虛擬化，底層卻是龐然大物的 Windows Server，Windows Server 作為伺服器的作業系統，自然少不了伺服器該有的功能與包袱，例如系統安全性的更新等，往往會有虛擬化底層作業系統效能不彰與不穩定的困擾。微軟也基於這點提出了改善，在 Windows Server 2012 時推出了 Server Core 的選擇，更在 Windows Server 2016 時推出了 Nano Server 一個小而美更適用於虛擬化與雲端的作業系統。然而大部分 Windows Server 的操作者都習慣 Windows GUI 的便捷，Server Core 與 Nano Server 因為瘦身與穩定的關係，並不具有 GUI 的使用介面，對於操作圖形介面使用者而言，想要上手 Server Core 與 Nano Server 可能需要一段時間的適應，但如果會操作 Nano Server 那對 Server Core 就不陌生了，對於 GUI 介面的 Windows Server 就更得心應手。

筆者目前任職於凌群電腦，負責對外客戶專案的執行，從 Windows Server 2008 R2 開始接觸 Hyper-V 的建置專案，到 Windows Server 2012 與 Windows Server 2016，有非常豐富的 Hyper-V 專案的建置及系統維護經驗。而依我本身的經驗，我非常推崇 Server Core 與 Nano Server 來作虛擬化底層的作業系統，它們絕對是 Hyper-V 底層作業系統的最佳選擇。

陳至善
chenpino@gmail.com

導讀

本書不著重在理論的部分，完全以實作為主，詳細介紹每種架構並佐以實作範例解說設定與操作，全書範例皆採用 Server Core 與 Nano Server 來建立架構與實作。

第 1 章　Windows Server 2016 簡介

本章介紹 Windows Server 2016 的三種安裝模式：GUI 圖形介面、Server Core 與 Nano Server，並說明作為一個具規模的系統，一定會採用高可用性（HA, High Availability）的架構設計，而三種安裝模式在網路與儲存部分各 HA 的基本設定。

第 2 章　Hyper-V 的功能與操作介紹

本章介紹對於一個剛安裝好的 Windows Server 作業系統，如何安裝與啟用 Hyper-V 的功能，及 Hyper-V 管理員基本的設定與操作。

第 3 章　Hyper-V 無共用即時移轉

本章介紹在單純的虛擬化架構中，當每台執行 Hyper-V 的伺服器，要面臨系統計畫性停機時，可使用 Hyper-V 無共用即時移轉，先將虛擬機移轉至其他運作正常的 Hyper-V 伺服器上，待問題處理完再移轉回來。

第 4 章　Hyper-V 檔案共用的容錯移轉叢集

本章介紹在 Hyper-V 中 HA 的機制即是建立叢集（Cluster），本章將使用 Windows Server 存放空間的功能在 Nano Server 上建立一座 Storage，並且使用檔案共用（SMB）的方式作為共用儲存，來提供前端 Nano Server 建立 1 個 Hyper-V 容錯移轉叢集。

導讀

第 5 章　Hyper-V 容錯移轉叢集

本章介紹一般大型系統作 Hyper-V 容錯移轉叢集的作法，採用
Server Core 一樣使用存放空間的功能來建立 Storage，但以 iSCSI
的方式來提供前端 Nano Server 建立一個 Hyper-V 容錯移轉叢集。

第 6 章　超融合容錯移轉叢集

本章介紹在 Windows Server 2016 新增的軟體定義儲存功能，使
用 Nano Server 來建立一個超融合容錯移轉叢集，並介紹如何作
超融合容錯移轉叢集水平節點的擴充。

第 7 章　融合型容錯移轉叢集

本章介紹超融合容錯移轉叢集的延伸，融合型容錯移轉叢集，這
是 Hyper-V 在建立超融合架構時，因應大型的系統架構由超融合
架構衍生而來的，不論是微軟官網或各方資訊對於本架構都沒有
詳細的說明，而筆者依實際在客戶端的經驗，來介紹這個架構的
應用與實際操作。

第 8 章　Hyper-V 災難防護與回復實作

再嚴謹的系統，都還是會有潛在的風險，本章介紹 Hyper-V 對於
日常維運兩個好用的防護功能，檢查點與匯出。另外，本章也將
建置一個異地備援架構，來介紹 Hyper-V 本身提供的 Hyper-V
Replica 與 Windows Server 2016 新增的 Storage Replica 來實作
異地備援。

目錄

1 Windows Server 2016 簡介

1.1 圖形介面安裝與基本設定操作 1-2

    1.1.1 Windows Server 2016 安裝 1-3

    1.1.2 Windows Server 2016 更改系統語系 1-9

    1.1.3 Windows Server 2016 基本設定操作 1-16

1.2 Server Core 2016 安裝與基本設定操作 1-32

    1.2.1 Server Core 2016 安裝 1-33

    1.2.2 Server Core 2016 基本設定操作 1-35

1.3 Nano Server 安裝與基本設定操作 1-57

    1.3.1 Nano Server 安裝 1-57

    1.3.2 Nano Server 基本設定操作 1-76

2 Hyper-V 的功能與操作介紹

2.1 Windows Server 2016 Hyper-V 角色功能安裝 2-1

2.2 Hyper-V 的基本設定與操作 2-9

3 Hyper-V 無共用即時移轉

3.1 實作環境建置 3-2

3.2 Hyper-V 無共用即時移轉實作 3-33

4 Hyper-V 檔案共用的容錯移轉叢集

4.1 存放空間（Storage Spaces）建置 4-2

4.2 使用檔案共用來建立 Hyper-V 的容錯移轉叢集 4-17

4.3 Hyper-V 檔案共用容錯移轉叢集實作 4-46

5 Hyper-V 容錯移轉叢集

5.1 iSCSI 的共用儲存建置 5-3

5.2 建立 Hyper-V 的容錯移轉叢集 5-30

5.3 Hyper-V 容錯移轉叢集實作 5-38

6 超融合容錯移轉叢集

6.1 超融合容錯移轉叢集──節點配置說明 6-2

6.2 建立超融合容錯移轉叢集 6-15

6.3 超融合容錯移轉叢集實作 6-35

6.4 水平擴充超融合容錯移轉叢集 6-52

7 融合型容錯移轉叢集

7.1 佈署融合型容錯移轉叢集的 Hyper-V 叢集 7-4

7.2 佈署融合型容錯移轉叢集的共用儲存 7-9

7.3 融合型容錯移轉叢集實作 7-31

　　7.3.1 Web Server 虛擬機的佈署 7-31

　　7.3.2 SMB 檔案共用的 SQL Server Cluster 虛擬機佈署 7-66

7.4 超融合容錯移轉叢集一般的維運管理 7-98

8 Hyper-V 災難防護與回復實作

8.1 Hyper-V 虛擬機的檢查點與匯出 8-1

　　8.1.1 虛擬機檢查點的建立 8-1

　　8.1.2 虛擬機匯出的功能 8-8

8.2 異地備援架構建置 8-22

　　8.2.1 建立 Web 虛擬機 Hyper-V Replica 8-27

　　8.2.2 建立 SQL Server 儲存體複本（Storage Replica）........8-40

8.3 異地備援架構實作 8-46

Windows Server 2016 簡介

微軟最新一代伺服器的作業系統 Windows Server 2016，Windows Server 2016 比 Windows Server 2012 來說新增了很多的功能，當然筆者在此並不會一一介紹 2016 新增的功能，以下是微軟官網對 2016 新增的功能說明，有興趣的讀者可參考以下網址：

https://docs.microsoft.com/zh-tw/windows-server/get-started/whats-new-in-windows-server-2016

筆者在此大概提一下本書所要介紹的新功能：

- Windows Server 2016 中的 Hyper-V 已強化了一些功能。

- 奈米伺服器（Nano Server）。

- 軟體定義儲存超融合儲存空間直接存取（S2D）。

- 儲存體複本（Storage Replica）。

而在如今雲端發展的時代，基礎架構採用虛擬化，已是一般架構最基本的設計了，如果我們是選擇 Hyper-V 來建立虛擬化，底層虛擬化的

實體主機，又何必一定要安裝一整套 Windows OS 這樣的龐然大物呢？在 Windows Server 2012 時微軟已提供了新的選擇，就是 Server Core，它比含有圖形介面的 Windows OS 精簡了不少，但還是不夠多，而到了 Windows Server 2016 後微軟有更好的解決方案就是 Nano Server。

作為虛擬化底層的 OS，筆者是大力的推廣像 Server Core 或 Nano Server 這種精簡的 OS，Nano Server 它是比 Server Core 還要再精簡的 Server，尤其在作 Hyper-V 的實體機（Host）時是更加的穩定，它比一個完整的 GUI Server 小了 93% 且降低 92% 的系統安全更新，並比 GUI Server 減少 80% 的重新啟動，因此是作為 Hyper-V 實體機的最佳選擇。

在本書中操作的範例環境，皆採用 Hyper-V 虛擬化來建置，但在實際的系統環境中筆者也都驗證過，也會詳述實際環境中的設定。本書幾乎都以 Nano Server 為主，並搭配 Server Core 來實作 Hyper-V 的虛擬化架構與操作。以下將分別介紹 Windows Server 2016 圖形介面、Server Core 2016 與 Nano Server 的安裝與基本設定操作。

1·1 圖形介面安裝與基本設定操作

Windows Server 2016 是最新一代微軟伺服器的作業系統，主要分為兩個版本：Standard 和 Datacenter。這兩個版本的差別，可參考以下微軟的官網說明：

https://docs.microsoft.com/zh-tw/windows-server/get-started/2016-edition-comparison

這兩個版本都可以選擇含 GUI 與不含（Server Core）的安裝，以下就先介紹含 GUI 的安裝。如果讀者想要自己練習的話，可在官網下載 ISO 檔：

https://www.microsoft.com/zh-tw/evalcenter/evaluate-windows-server-2016

不過，微軟官網並沒有提供繁體中文版的評估版。需下載英文版，安裝完成後再進入系統更改系統語系，改為繁體中文版。英文版的安裝與中文版皆相同，後續章節會說明如何更改系統語系。

1·1·1 Windows Server 2016 安裝

本書的範例雖然皆採用 Hyper-V 虛擬化的方式架設 Lab 操作，但在安裝作業系統的部分，跟實際在實體機上安裝是一樣的，以 Windows Server 2016 的安裝光碟開機安裝如下：

開始安裝 Windows Server 2016，點選「下一步」。

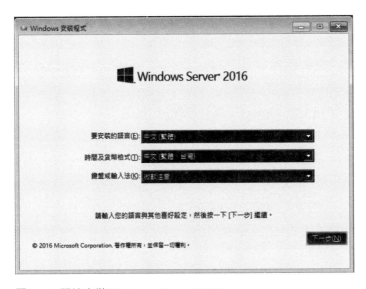

圖 **1-1**：開始安裝 Windows Server 2016

點選「立即安裝」。

圖 **1-2**：立即安裝 Windows Server 2016

選擇 Windows Server 2016 Datacenter（桌面體驗），點選「下一步」。

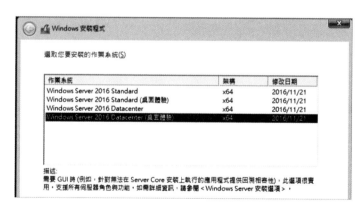

圖 **1-3**：選擇 Windows Server 版本

確認授權，勾選「我接受授權條款」，點選「下一步」。

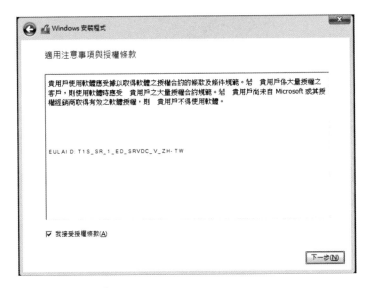

圖 **1-4**：確認授權

選擇安裝類型，點選「自訂：只安裝 Windows（進階）」。

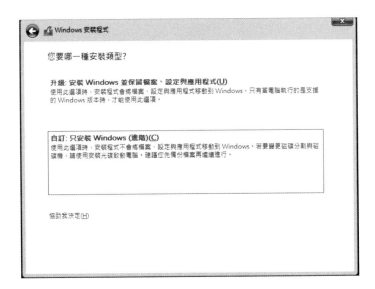

圖 **1-5**：選擇安裝類型

選擇要在哪裡安裝 Windows。點選「磁碟機 0 未配置的空間」，點選「下一步」。

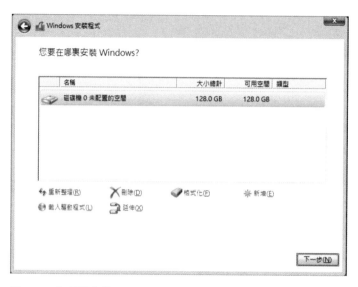

圖 **1-6**：在哪裡安裝 Windows

開始安裝 Windows。

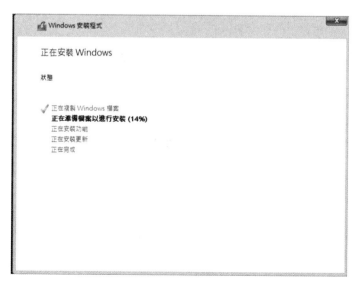

圖 **1-7**：Windows 安裝中

安裝完成後，系統將自動重新開機。

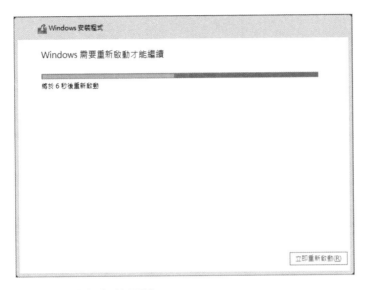

圖 1-8：系統自動重新開機

重開機完後，進入系統首先就是要鍵入 Administrator 系統管理員的密碼，點選「完成」。

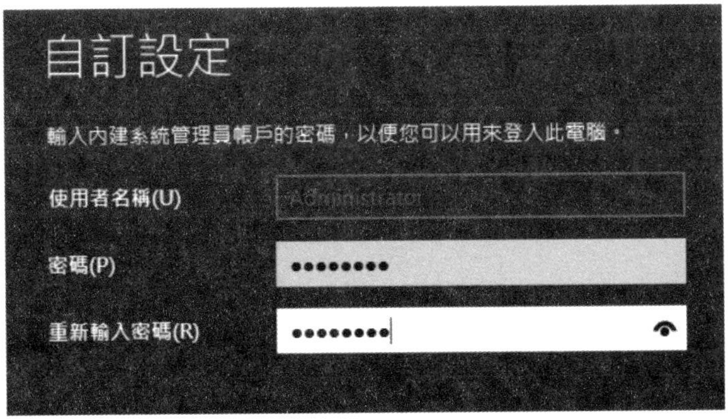

圖 1-9：鍵入系統管理員密碼

如果是在實體機上安裝，即無此步驟，這裡將介紹本書後續範例中，需要用到的硬碟檔相關設定。

安裝好一個新的 Windows Server 2016 系統後，往後我們就都以此系統來建立其他 Server 2016 的虛擬機，但我們要先將系統作一次 Sysprep，這樣系統會進入最初未使用的狀態，以後才可使用此系統的硬碟檔來建立新的 Windows Server 2016 虛擬機。

進入系統後，開啟檔案總管，點選 C 槽 Windows 裡 System32 中的 Sysprep，點選「sysprep」，勾選「一般化」，在關機選項中選擇「關機」，點選「確定」。後續章節會說明如何 Copy 出此硬碟檔，及如何再使用此硬碟檔建立虛擬機。

圖 **1-10**：執行「sysprep」

Windows Server 2016 圖形介面的安裝就介紹到此。

1·1·2 Windows Server 2016 更改系統語系

在安裝好英文版的系統後，先設定好
網路 IP 讓系統能連上 Internet，以滑
鼠右鍵點選左下角的視窗圖示，點選
「Control Panel」。

圖 **1-11**：開啟 Control Panel

開啟控制台後，點選「Clock, Language, and Region」下的「Add a language」。

圖 **1-12**：開啟 Add a language

點選「Add a language」，以選擇欲更換的語系。

圖 **1-13**：進入 Add a language

點選「中文（繁體）」後，點選「Open」。

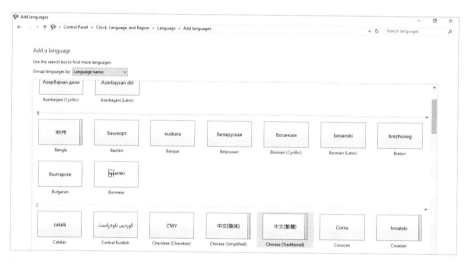

圖 **1-14**：選擇語系

點選「中文（台灣）」後，點選「Add」。

圖 **1-15**：選擇台灣的繁體中文語系

點選「English（United States）」後，接著點選「Move down」。

圖 **1-16**：變更語系排序

點選「Remove」，將英文語系移除。

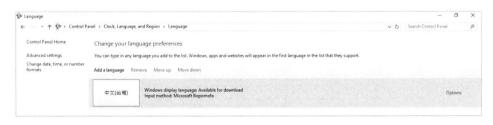

圖 **1-17**：移除英文語系

點選「中文（台灣）」的「Options」。

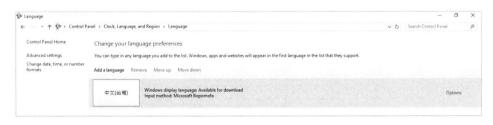

圖 **1-18**：進入 Options 選項

點選「Download and install language pack」，安裝語系。

圖 1-19：安裝語系

開始下載並安裝語系。

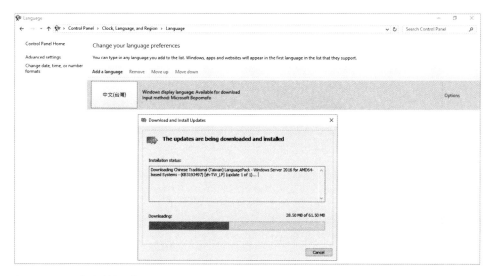

圖 1-20：下載安裝語系

下載安裝完成，點選「Close」。

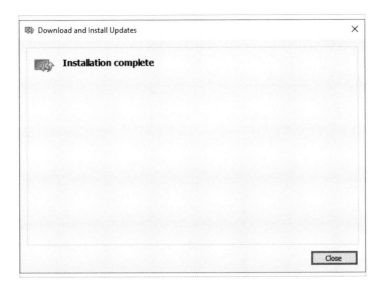

圖 **1-21**：下載安裝完成

點選左方「Advanced settings」。

圖 **1-22**：進入語系進階設定

在 Override for Windows display language 的下拉選單中選擇「中文
（台灣）」後，點選「Apply language setting to the welcome screen, system
accounts, and new user accounts」。

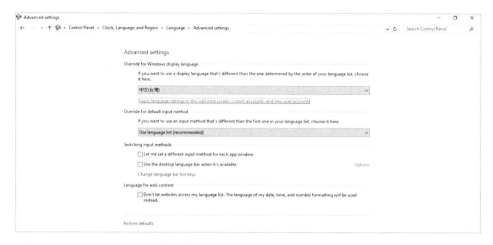

圖 **1-23**：選擇 Windows 全域顯示語言

跳出地區選項確認視窗，點選「OK」。

圖 **1-24**：地區選項確認

完成設定，點選「Save」離開。

圖 **1-25**：完成設定

系統提示需登出後再登入，更改系統語系才會生效，點選「Log off now」。

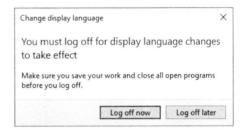

圖 **1-26**：登出系統

再登入後，系統已變成繁體中文的語系了。

圖 **1-27**：更改為繁體中文語系

1·1·3 Windows Server 2016 基本設定操作

當 Windows 安裝完成，開機進入系統後會自動啟動「伺服器管理員」，首先要做的事情是修改電腦名稱，在「伺服器管理員」中點選「本機伺服器」，再點選電腦名稱「WIN-U99I6RJJRS1」。

圖 **1-28**：本機伺服器的電腦名稱修改

跳出「系統內容」視窗，點選「變更」。

圖 **1-29**：系統內容

在電腦名稱中鍵入要修改的電腦名稱，點選「確定」。

圖 **1-30**：更改電腦名稱

將重新啟動電腦，點選「確定」。

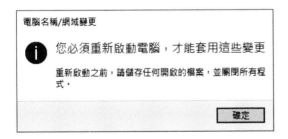

圖 **1-31**：重新啟動電腦

重新開機後，接著開始設定網卡，一般實際的系統環境中，Server 至少會有兩張以上的網卡，主要是為了建立系統 HA（High Availability，高可用性）的架構，防止系統因單點故障而導致系統無法運作。因此，我們要先將兩張網卡利用 NIC 小組建立 Teaming 的 HA 運作，點選伺服器管理員裡的「本機伺服器」中的 NIC 小組「已停用」。

圖 **1-32**：本機伺服器新增 NIC 小組

開啟 NIC 小組的設定畫面後，在小組右上方「工作」下拉選單點選「新增小組」。

圖 **1-33**：NIC 小組設定

在小組名稱中鍵入名稱，在成員介面卡勾選要建立小組的網卡後，點選「確定」。

圖 **1-34**：建立 NIC 小組

NIC 小組建立完成，點選介面卡與介面的「小組介面」。

圖 **1-35**：NIC 小組介面

使用滑鼠右鍵點選「Service 網卡」後，點選「內容」。

圖 1-36：NIC 小組介面內容

如果系統環境中有使用 VLAN ID，請點選「特定的 VLAN」並輸入 ID，然後點選「確定」讓設定生效。如果系統沒有使用 VLAN ID 則不用設定此步驟，設定好後將電腦重新啟動。

圖 1-37：設定 VLAN ID

設定好 NIC 小組後，在系統右下方以滑鼠右鍵點選「網路的圖示」後，點選「開啟網路和共用中心」。

圖 1-38：開啟網路和共用中心

在網路和共用中心中，點選左方「變更介面卡設定」。

圖 1-39：開啟變更介面卡設定

在介面卡中可看到，原 Server 上的兩張網卡，也可看到我們新建的 NIC 小組 Service 網卡。使用滑鼠右鍵點選「Service」網卡後，再點選「內容」。

圖 1-40：開啟 Service 網卡的內容

跳出「Service 內容」視窗，
在「這個連線使用下列項目」
中勾選「網際網路通訊協定第
4 版（TCP/IPv4）」，並在下方
點選「內容」。

圖 1-41：Service 內容

點選「使用下列的 IP 位址」，
鍵入網卡的 IP 位址、子網路
遮罩與預設閘道，再點選「使
用下列的 DNS 伺服器位址」，
鍵入慣用 DNS 伺服器的 IP 位
址後，點選「確定」。

圖 1-42：設定 IP

在設定好網卡 NIC 小組與 IP 後,回到伺服器管理員,點選 Windows 防火牆「公用:開啟」,基本上本書中的範例環境都會把 Server 的防火牆關閉,而在實際的系統環境中,筆者基本上也都會將 Server 上的防火牆關閉。筆者的習慣都是使用硬體防火牆的設備來保護整個系統,當然讀者也可依個人的習慣與需求去設定 Server 上的防火牆。

圖 **1-43**:開啟 Windows 防火牆

在「Windows 防火牆」頁面,點選左方「開啟或關閉 Windows 防火牆」。

圖 **1-44**:Windows 防火牆

在「自訂設定」頁面，於「私人網路設定」與「公用網路設定」中點選「關閉 Windows 防火牆（不建議）」，點選「確定」。

圖 1-45：關閉 Windows 防火牆

設定好網路與關閉防火牆後，再來要開啟遠端桌面的功能，點選遠端桌面「已停用」。

圖 1-46：開啟遠端桌面設定

點選「允許遠端連線到此電腦」，勾選「僅允許來自執行含有網路層級驗證之遠端桌面的電腦進行連線（建議）」後，點選「確定」。

圖 **1-47**：開啟遠端桌面

再將 IE 增強式安全性設定功能「關閉」，點選 IE 增強式安全性設定開啟。

圖 **1-48**：開啟 IE 增強式安全性設定頁

在「Internet Explorer 增強式安全性設定」視窗中的「系統管理員」與「使用者」點選「關閉」後，點選「確定」。

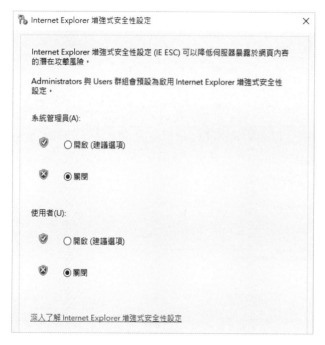

圖 1-49：關閉 IE 增強式安全性設定

目前 Windows 基本的設定都完成了，如果讀者的系統環境中，有使用 SAN Storage 採用 Fibre Channel 連接的話，就還要再開啟 MPIO（多重路徑）才行。目前只針對 Fibre Channel 的 MPIO 說明，如果是採用 iSCSI 方式連接的，關於 MPIO 的部分，後面章節的範例中將會採用 PowerShell 設定的方式介紹。先要安裝 MPIO（多重路徑）功能，在伺服器管理員左方點選「儀表板」，點選「新增角色及功能」。

圖 1-50：開啟新增角色及功能

開啟「新增角色及功能精靈」，點選「下一步」。

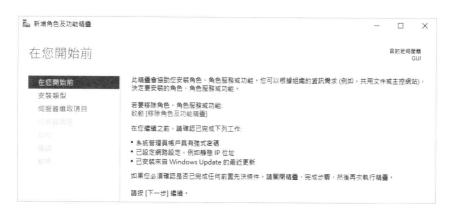

圖 1-51：新增角色及功能精靈

進入「選取安裝類型」頁面，點選「角色型或功能型安裝」後，點選「下一步」。

圖 **1-52**：選取安裝類型

進入「選取目的地伺服器」頁面，點選「從伺服器集區選取伺服器」，再點選「GUI」伺服器，接著點選「下一步」。

圖 **1-53**：選取目的地伺服器

進入「選取伺服器角色」頁面，本步驟不作任何選取，點選「下一步」。

圖 1-54：選取伺服器角色

進入「選取功能」頁面，勾選「多重路徑 I/O」，點選「下一步」。

圖 1-55：選取功能

進入「確認安裝選項」頁面，確認安裝資訊後，點選「安裝」。

圖 1-56：確認安裝選項

進入「安裝進度」頁面，安裝進行中。

圖 1-57：安裝進行

安裝完成，點選「關閉」，安裝完後要重新啟動電腦。

圖 1-58：安裝完成

電腦重新啟動後，開啟控制台，點選「MPIO」。

圖 1-59：開啟設定 MPIO

點選「探索多重路徑」，如果有接 HBA 卡，在「其他」欄將會看到所使用的裝置，點選「新增」後，系統會要重新啟動電腦，待電腦重新啟動後，多重路徑的功能便生效。

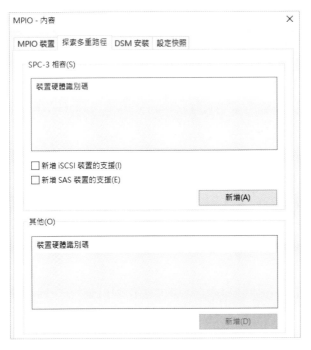

圖 **1-60**：新增支援 MPIO 裝置

整個 Windows Server 2016 圖形介面的安裝與基本設定操作，筆者就介紹到此，如果讀者想更進一步了解，可在網路上搜尋相關資訊，坊間也有相關專業的書籍可供參考。

1·2 Server Core 2016 安裝與基本設定操作

現在要介紹 Server Core 2016 的安裝與基本設定操作，筆者是比較推崇這種精簡的作業系統來作為 Hyper-V 實體機的作業系統，因為既然是執行虛擬化，所以實際重要的系統是在虛擬化上層運作的，底層當然是愈精簡愈穩定愈好。

1·2·1 Server Core 2016 安裝

Server Core 的安裝，在虛擬化與實體機上都是一樣的，也都是由 Windows Server 2016 安裝光碟開機來安裝，安裝過程幾乎跟圖形介面的安裝相同，只有在選取您要安裝的作業系統這個選項不一樣而已，其餘的步驟就請參考上節所述。基本上，英文版的安裝與繁體中文版的安裝都相同，使用英文版的設定操作也都是相同。

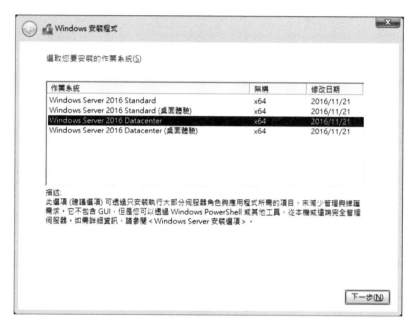

圖 1-61：選取您要安裝的作業系統

安裝完系統重新啟動後，進入系統第一步也是一樣，要鍵入系統管理員密碼，選擇「確定」後按 Enter 鍵。

圖 1-62：確定要變更系統管理員密碼

在新密碼鍵入系統管理員密碼後，於確認密碼部分再鍵入一次，按 Enter 鍵。

圖 **1-63**：鍵入系統管理員密碼

確認系統管理員密碼已變更完成，選擇「確定」後按 Enter 鍵。

圖 **1-64**：系統管理員密碼變更完成

進入系統後，一樣先作一次 Sysprep，進入 C:\Windows\System32\
Sysprep\ 的目錄裡，鍵入 Sysprep 後按 Enter 鍵，勾選「一般化」，開機選
項選擇「關機」後，點選「確定」，待電腦關機後再將此硬碟檔 Copy 出，以
作為後續建立 Server Core 的虛擬機使用。

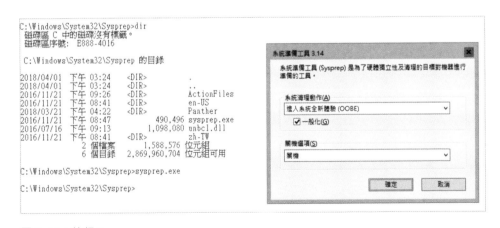

圖 **1-65**：執行 Sysprep

Server Core 的安裝就介紹到此。

1·2·2 Server Core 2016 基本設定操作

在進入 Server Core 系統後，一樣要先改電腦名稱，這台 Server Core 在往後的範例中將做為 Domain Controller 也就是 AD，所以這台的電腦名稱就命名為 AD。鍵入 sconfig 後按 Enter 鍵，用 sconfig 這個指令來作設定。

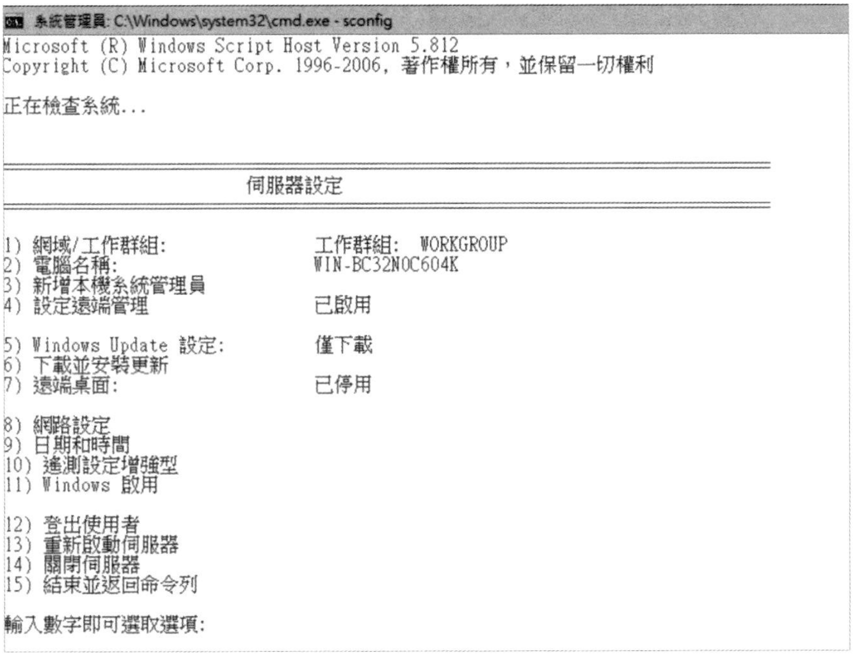

```
系統管理員: C:\Windows\system32\cmd.exe - sconfig
Microsoft (R) Windows Script Host Version 5.812
Copyright (C) Microsoft Corp. 1996-2006, 著作權所有，並保留一切權利

正在檢查系統...


                          伺服器設定

1) 網域/工作群組:           工作群組:   WORKGROUP
2) 電腦名稱:                WIN-BC32N0C604K
3) 新增本機系統管理員
4) 設定遠端管理             已啟用

5) Windows Update 設定:     僅下載
6) 下載並安裝更新
7) 遠端桌面:                已停用

8) 網路設定
9) 日期和時間
10) 遙測設定增強型
11) Windows 啟用

12) 登出使用者
13) 重新啟動伺服器
14) 關閉伺服器
15) 結束並返回命令列

輸入數字即可選取選項:
```

圖 **1-66**：鍵入 sconfig 來設定 Server

鍵入 2 後按 Enter 鍵，更改電腦名稱。

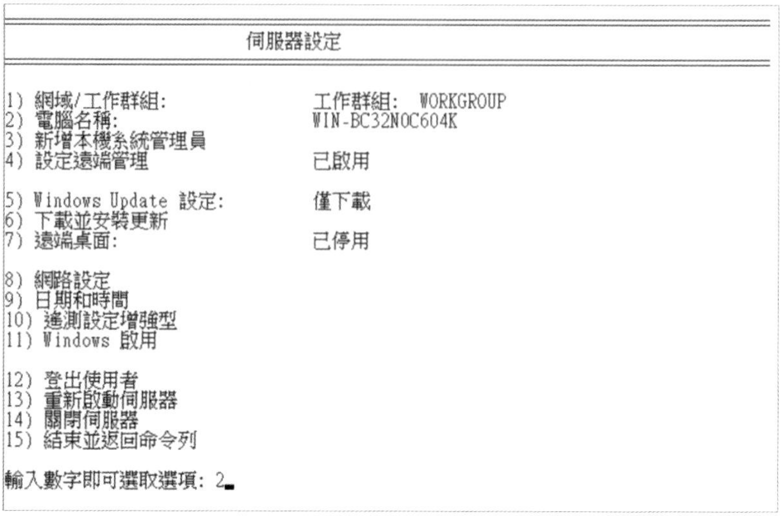

```
                          伺服器設定
═══════════════════════════════════════════════════════════

1) 網域/工作群組:              工作群組:  WORKGROUP
2) 電腦名稱:                   WIN-BC32N0C604K
3) 新增本機系統管理員
4) 設定遠端管理                 已啟用

5) Windows Update 設定:        僅下載
6) 下載並安裝更新
7) 遠端桌面:                    已停用

8) 網路設定
9) 日期和時間
10) 遙測設定增強型
11) Windows 啟用

12) 登出使用者
13) 重新啟動伺服器
14) 關閉伺服器
15) 結束並返回命令列

輸入數字即可選取選項: 2_
```

圖 **1-67**：更改電腦名稱

鍵入電腦名稱，按 Enter 鍵確定。

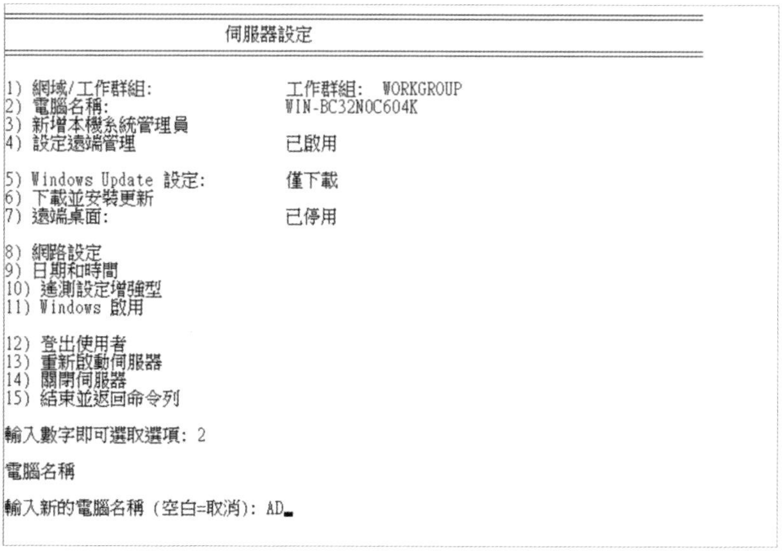

```
                          伺服器設定
═══════════════════════════════════════════════════════════

1) 網域/工作群組:              工作群組:  WORKGROUP
2) 電腦名稱:                   WIN-BC32N0C604K
3) 新增本機系統管理員
4) 設定遠端管理                 已啟用

5) Windows Update 設定:        僅下載
6) 下載並安裝更新
7) 遠端桌面:                    已停用

8) 網路設定
9) 日期和時間
10) 遙測設定增強型
11) Windows 啟用

12) 登出使用者
13) 重新啟動伺服器
14) 關閉伺服器
15) 結束並返回命令列

輸入數字即可選取選項: 2

電腦名稱

輸入新的電腦名稱 (空白=取消): AD_
```

圖 **1-68**：鍵入電腦名稱

出現提示將重新啟動電腦，點選「是」。

圖 1-69：重新啟動電腦

電腦重新啟動後，進入系統在下一次 sconfig 按 Enter 鍵，確定電腦名稱已更改，然後鍵入 15 後按 Enter 鍵，退出設定。接著，一樣要建立網卡的 Teaming 與設定網卡 IP，進入 PowerShell 指令模式來設定，鍵入 powershell 後按 Enter 鍵。

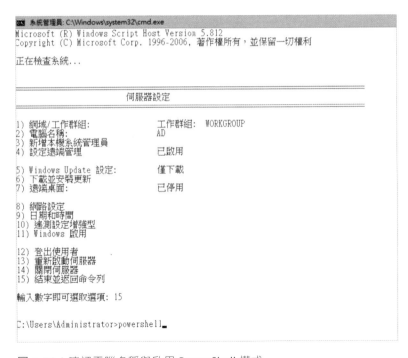

圖 1-70：確認電腦名稱與啟用 PowerShell 模式

進入 PowerShell 後，前面出現 PS 即表示是在 PowerShell 指令模式中。鍵入 Get-NetIPConfiguration 指令後按 Enter 鍵，來檢視網路的介面資訊。

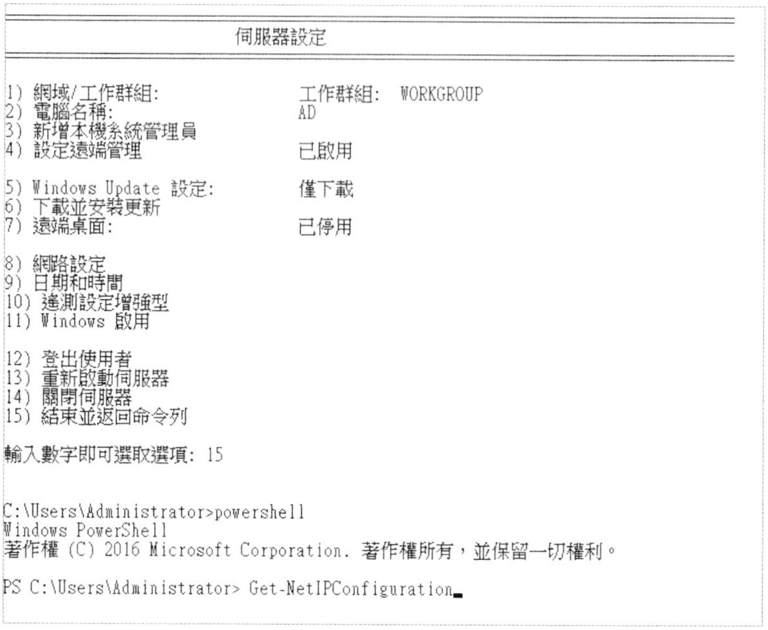

```
                           伺服器設定

1) 網域/工作群組:              工作群組:   WORKGROUP
2) 電腦名稱:                   AD
3) 新增本機系統管理員
4) 設定遠端管理                已啟用

5) Windows Update 設定:        僅下載
6) 下載並安裝更新
7) 遠端桌面:                   已停用

8) 網路設定
9) 日期和時間
10) 遙測設定增強型
11) Windows 啟用

12) 登出使用者
13) 重新啟動伺服器
14) 關閉伺服器
15) 結束並返回命令列

輸入數字即可選取選項: 15

C:\Users\Administrator>powershell
Windows PowerShell
著作權 (C) 2016 Microsoft Corporation. 著作權所有，並保留一切權利。

PS C:\Users\Administrator> Get-NetIPConfiguration_
```

圖 1-71：進入 PowerShell 查看網路介面

可以看到系統上有兩張網卡，我們鍵入 New-NetLBFOTeam Service " 乙太網路 "、" 乙太網路 2" 這個指令並按 Enter 鍵，將乙太網路與乙太網路 2 這兩張網卡建立 Teaming 名為 Service 的網卡。

New-NetLBFOTeam XXX "XXX", "XXX"：New-NetLBFOTeam 建 立 Teaming，
XXX 為建立後的網卡名稱，"XXX", "XXX" 要建立的兩張網卡名稱。

```
C:\Users\Administrator>powershell
Windows PowerShell
著作權 (C) 2016 Microsoft Corporation. 著作權所有，並保留一切權利。

PS C:\Users\Administrator> Get-NetIPConfiguration

InterfaceAlias       : 乙太網路
InterfaceIndex       : 3
InterfaceDescription : Microsoft Hyper-V Network Adapter
NetProfile.Name      : 無法辨識的網路
IPv4Address          : 169.254.8.98
IPv6DefaultGateway   :
IPv4DefaultGateway   :
DNSServer            : fec0:0:0:ffff::1
                       fec0:0:0:ffff::2
                       fec0:0:0:ffff::3

InterfaceAlias       : 乙太網路 2
InterfaceIndex       : 6
InterfaceDescription : Microsoft Hyper-V Network Adapter #2
NetProfile.Name      : 無法辨識的網路
IPv4Address          : 169.254.36.157
IPv6DefaultGateway   :
IPv4DefaultGateway   :
DNSServer            : fec0:0:0:ffff::1
                       fec0:0:0:ffff::2
                       fec0:0:0:ffff::3


PS C:\Users\Administrator> New-NetLBFOTeam Service "乙太網路","乙太網路 2"
```

圖 **1-72**：將兩張網卡建立 Teaming

鍵入 Y 後按 Enter 鍵確認建立。

```
PS C:\Users\Administrator> New-NetLBFOTeam Service "乙太網路","乙太網路 2"

確認
確定要執行此動作?
Creates Team:'Service' with TeamMembers:{'乙太網路', '乙太網路 2'}, TeamNicName:'Service', TeamingMode:'SwitchIndependent' and
LoadBalancingAlgorithm:'TransportPorts'.
[Y] 是(Y) [A] 全部皆是(A) [N] 否(N) [L] 全部皆否(L) [S] 暫停(S) [?] 說明 (預設值為 "Y"): Y
```

圖 **1-73**：確認建立 Teaming

建立完成。已將乙太網路與乙太網路 2 這兩張網卡建立 Teaming，網卡名稱為 Service，鍵入 Restart-Computer 後按 Enter 鍵，重新啟動電腦。

```
PS C:\Users\Administrator> New-NetLBFOTeam Service "乙太網路","乙太網路 2"
確認
確定要執行此動作?
Creates Team:'Service' with TeamMembers:{'乙太網路', '乙太網路 2'}, TeamNicName:'Service', TeamingMode:'SwitchIndependent' and
LoadBalancingAlgorithm:'TransportPorts'.
[Y] 是(Y)  [A] 全部皆是(A)  [N] 否(N)  [L] 全部皆否(L)  [S] 暫停(S)  [?] 說明 (預設值為 "Y"): Y


Name                    : Service
Members                 : {乙太網路, 乙太網路 2}
TeamNics                : Service
TeamingMode             : SwitchIndependent
LoadBalancingAlgorithm  : TransportPorts
Status                  : Down


PS C:\Users\Administrator> Restart-Computer
```

圖 1-74：Teaming 建立完成重新啟動電腦

如果系統環境內有使用 VLAN ID，要在 PowerShell 模式中鍵入 Set-NetLBFOTeamNIC "Service" -VlanID XXX 後按 Enter 鍵，其中 XXX 為 VLAN ID。鍵入 Exit 後按 Enter 鍵離開 PowerShell 模式。

Set-NetLBFOTeamNIC "XXX" -VlanID XXX：Set-NetLBFOTeamNIC 對 Teaming 的那張網卡，"XXX" -VlanID 網卡名稱設 Vlan Id，XXX 為 Id。

```
C:\Users\Administrator>powershell
Windows PowerShell
著作權 (C) 2016 Microsoft Corporation. 著作權所有，並保留一切權利。

PS C:\Users\Administrator> Set-NetLBFOTeamNIC "Service" -VlanID 42
PS C:\Users\Administrator> exit
```

圖 1-75：設定網卡 VLAN ID

回到 DOS 模式，鍵入 sconfig 後按 Enter 鍵，再鍵入 8 後按 Enter 鍵來設定網卡 IP。

```
系統管理員: C:\Windows\system32\cmd.exe - sconfig
Microsoft (R) Windows Script Host Version 5.812
Copyright (C) Microsoft Corp. 1996-2006，著作權所有，並保留一切權利

正在檢查系統...


                        伺服器設定


1) 網域/工作群組:           工作群組:   WORKGROUP
2) 電腦名稱:               AD
3) 新增本機系統管理員
4) 設定遠端管理            已啟用

5) Windows Update 設定:   僅下載
6) 下載並安裝更新
7) 遠端桌面:              已停用

8) 網路設定
9) 日期和時間
10) 遙測設定增強型
11) Windows 啟用

12) 登出使用者
13) 重新啟動伺服器
14) 關閉伺服器
15) 結束並返回命令列

輸入數字即可選取選項: 8_
```

圖 1-76：設定網卡

鍵入 5 後按 Enter 鍵，選擇索引 5 的網卡，更改設定。

```
           網路設定


可用的網路介面卡

索引#         IP 位址       描述

  5                169.254.152.150 Microsoft Network Adapter Multiplexor Driver
選取網路介面卡索引# (空白=取消):  5_
```

圖 1-77：輸入網卡索引

鍵入 1 後按 Enter 鍵，來設定網卡的 IP。

```
-------------------------------------
    網路介面卡設定
-------------------------------------


NIC 索引                    5
描述                        Microsoft Network Adapter Multiplexor Driver
IP 位址                     169.254.152.150 fe80::b155:ad70:26b1:9896
子網路遮罩                   255.255.0.0
DHCP 已啟用                  True
預設閘道
慣用 DNS 伺服器
其他 DNS 伺服器

1) 設定網路介面卡位址
2) 設定 DNS 伺服器
3) 清除 DNS 伺服器設定
4) 返回主功能表

選取選項:   1
```

圖 **1-78**：設定網卡 IP

鍵入 S 後按 Enter 鍵，採用靜態 IP 的設定。

```
-------------------------------------
    網路介面卡設定
-------------------------------------


NIC 索引                    5
描述                        Microsoft Network Adapter Multiplexor Driver
IP 位址                     169.254.152.150 fe80::b155:ad70:26b1:9896
子網路遮罩                   255.255.0.0
DHCP 已啟用                  True
預設閘道
慣用 DNS 伺服器
其他 DNS 伺服器

1) 設定網路介面卡位址
2) 設定 DNS 伺服器
3) 清除 DNS 伺服器設定
4) 返回主功能表

選取選項:   1


選取 DHCP(D)、靜態 IP(S) (空白=取消): s
```

圖 **1-79**：採用靜態 IP 設定

鍵入 IP 後 按 Enter 鍵，
設定網卡 IP。

```
選取 DHCP(D)、靜態 IP(S) (空白=取消): s

設定靜態 IP
輸入靜態 IP 位址: 192.168.1.1_
```

圖 **1-80**：鍵入網卡 IP

輸入子網路遮罩的部分，
直接按 Enter 鍵，使用預
設的 255.255.255.0。

```
選取 DHCP(D)、靜態 IP(S) (空白=取消): s

設定靜態 IP
輸入靜態 IP 位址: 192.168.1.1
輸入子網路遮罩 (空白 = 預設值 255.255.255.0): _
```

圖 **1-81**：設定子網路遮罩

輸入預設閘道的部分，鍵
入閘道 IP 後按 Enter 鍵。

```
選取 DHCP(D)、靜態 IP(S) (空白=取消): s

設定靜態 IP
輸入靜態 IP 位址: 192.168.1.1
輸入子網路遮罩 (空白 = 預設值 255.255.255.0):
輸入預設閘道: 192.168.1.254_
```

圖 **1-82**：輸入預設閘道

鍵入 2 後按 Enter 鍵，設定 DNS 伺服器。

```
--------------------------------
    網路介面卡設定
--------------------------------


NIC 索引                 5
描述                     Microsoft Network Adapter Multiplexor Driver
IP 位址                  192.168.1.1      fe80::b155:ad70:26b1:9896
子網路遮罩               255.255.255.0
DHCP 已啟用              False
預設閘道                 192.168.1.254
慣用 DNS 伺服器
其他 DNS 伺服器

1) 設定網路介面卡位址
2) 設定 DNS 伺服器
3) 清除 DNS 伺服器設定
4) 返回主功能表


選取選項:  2_
```

圖 **1-83**：設定 DNS 伺服器

鍵入 DNS 伺服器的 IP 後按 Enter 鍵。

圖 1-84：鍵入 DNS 伺服器 IP

點選「確定」，確定 DNS 伺服器 IP 設定。

圖 1-85：確定 DNS 伺服器 IP 設定

其他 **DNS** 伺服器

如果還有其他的 DNS 伺服器，則在此鍵入 IP，沒有則按 Enter 鍵。

```
--------------------------------
    網路介面卡設定
--------------------------------


NIC 索引                    5
描述                        Microsoft Network Adapter Multiplexor Driver
IP 位址                     192.168.1.1      fe80::b155:ad70:26b1:9896
子網路遮罩                  255.255.255.0
DHCP 已啟用                 False
預設閘道                    192.168.1.254
慣用 DNS 伺服器
其他 DNS 伺服器

1) 設定網路介面卡位址
2) 設定 DNS 伺服器
3) 清除 DNS 伺服器設定
4) 返回主功能表


選取選項:  2
DNS 伺服器

輸入新的慣用 DNS 伺服器 (空白=取消): 192.168.1.1
輸入其他 DNS 伺服器 (空白 = 無): _
```

圖 **1-86**：其他 DNS 伺服器設定

網卡 IP 設定完成，鍵入 4 後按 Enter 鍵，返回主功能表。

```
--------------------------------
    網路介面卡設定
--------------------------------


NIC 索引                    5
描述                        Microsoft Network Adapter Multiplexor Driver
IP 位址                     192.168.1.1      fe80::b155:ad70:26b1:9896
子網路遮罩                  255.255.255.0
DHCP 已啟用                 False
預設閘道                    192.168.1.254
慣用 DNS 伺服器             192.168.1.1
其他 DNS 伺服器

1) 設定網路介面卡位址
2) 設定 DNS 伺服器
3) 清除 DNS 伺服器設定
4) 返回主功能表


選取選項:  4_
```

圖 **1-87**：網卡 IP 設定完畢

網卡 Teaming 與 IP 都設定好後，接下來請開啟遠端桌面的功能，鍵入 7 後按 Enter 鍵。

```
選取選項： 4

═══════════════════════════════════════════════
                    伺服器設定
═══════════════════════════════════════════════

1) 網域/工作群組：          工作群組： WORKGROUP
2) 電腦名稱：               AD
3) 新增本機系統管理員
4) 設定遠端管理             已啟用

5) Windows Update 設定：    僅下載
6) 下載並安裝更新
7) 遠端桌面：               已停用

8) 網路設定
9) 日期和時間
10) 遙測設定增強型
11) Windows 啟用

12) 登出使用者
13) 重新啟動伺服器
14) 關閉伺服器
15) 結束並返回命令列

輸入數字即可選取選項： 7_
```

圖 **1-88**：進入開啟遠端桌面設定

鍵入 E 後按 Enter 鍵，啟用遠端桌面。

```
═══════════════════════════════════════════════
                    伺服器設定
═══════════════════════════════════════════════

1) 網域/工作群組：          工作群組： WORKGROUP
2) 電腦名稱：               AD
3) 新增本機系統管理員
4) 設定遠端管理             已啟用

5) Windows Update 設定：    僅下載
6) 下載並安裝更新
7) 遠端桌面：               已停用

8) 網路設定
9) 日期和時間
10) 遙測設定增強型
11) Windows 啟用

12) 登出使用者
13) 重新啟動伺服器
14) 關閉伺服器
15) 結束並返回命令列

輸入數字即可選取選項： 7

要啟用(E) 或停用(D) 遠端桌面? (空白=取消) E_
```

圖 **1-89**：啟用遠端桌面

鍵入 1 後按 Enter 鍵，選擇「僅允許透過網路層級驗證執行遠端桌面的用戶端（較安全）」。

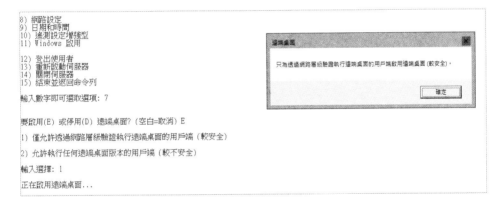

要啟用(E) 或停用(D) 遠端桌面？(空白=取消) E
1) 僅允許透過網路層級驗證執行遠端桌面的用戶端（較安全）
2) 允許執行任何遠端桌面版本的用戶端（較不安全）
輸入選擇：1

圖 1-90：選擇網路層級驗證

點選「確定」，開啟遠端桌面功能。

8) 網路設定
9) 日期和時間
10) 遙測設定增強型
11) Windows 啟用

12) 登出使用者
13) 重新啟動伺服器
14) 關閉伺服器
15) 結束並返回命令列

輸入數字即可選取選項：7

要啟用(E) 或停用(D) 遠端桌面？(空白=取消) E
1) 僅允許透過網路層級驗證執行遠端桌面的用戶端（較安全）
2) 允許執行任何遠端桌面版本的用戶端（較不安全）
輸入選擇：1
正在啟用遠端桌面...

遠端桌面

只為透過網路層級驗證執行遠端桌面的用戶端啟用遠端桌面（較安全）。

確定

圖 1-91：確定開啟遠端桌面

設定好網卡開啟遠端桌面連線功能後，筆者依慣例要關掉防火牆。進入 PowerShell 指令模式中鍵入 Set-NetFirewallProfile -Profile Domain, Public,Private -Enabled False，然後按 Enter 鍵來關閉防火牆。也許讀者不認同筆者的這種作法，畢竟筆者這是 Lab 的環境，筆者一再強調，讀者可依實際環境的需要，針對 Server 防火牆去作嚴謹的設定。

```
                        伺服器設定

1) 網域/工作群組:              工作群組:  WORKGROUP
2) 電腦本稱:                   AD
3) 新增本機系統管理員
4) 設定遠端管理                已啟用

5) Windows Update 設定:       僅下載
6) 下載並安裝更新
7) 遠端桌面:                   啟用 (只有較安全的用戶端)

8) 網路設定
9) 日期和時間
10) 遙測設定增強型
11) Windows 啟用

12) 登出使用者
13) 重新啟動伺服器
14) 關閉伺服器
15) 結束並返回命令列

輸入數字即可選取選項: 15


C:\Users\Administrator>powershell
Windows PowerShell
著作權 (C) 2016 Microsoft Corporation. 著作權所有, 並保留一切權利。

PS C:\Users\Administrator> Set-NetFirewallProfile -Profile Domain,Public,Private -Enabled False_
```

圖 1-92：關閉防火牆

目前 Server Core 基本的設定已經完成。如果讀者的系統環境中，有使用 SAN Storage 採用 Fibre Channel 連接的話，一樣要啟用 MPIO 的功能才行，要啟用 MPIO 當然要先安裝多重路徑的功能。進入 PowerShell 指令模式後，鍵入 Add-WindowsFeature -name Multipath-IO，然後按 Enter 鍵以安裝多重路徑功能。

Add-WindowsFeature -name Multipath-IO：Add-WindowsFeature 安裝 Windows 角色與功能，-name XXX 安裝 XXX 功能。

```
系統管理員: C:\Windows\system32\cmd.exe - powershell
Windows PowerShell
著作權 (C) 2016 Microsoft Corporation. 著作權所有, 並保留一切權利。

PS C:\Users\Administrator> Add-WindowsFeature -name Multipath-IO_
```

圖 1-93：安裝多重路徑功能

安裝完成，需要重新啟動電腦，鍵入 Restart-Computer 後按 Enter 鍵重新開機。

```
PS C:\Users\Administrator> Add-WindowsFeature -name Multipath-IO

Success Restart Needed Exit Code      Feature Result
------- -------------- ---------      --------------
True    Yes            SuccessRest... {多重路徑 I/O}
警告: 您必須重新啟動此伺服器才能完成安裝程序。


PS C:\Users\Administrator> Restart-Computer
```

圖 1-94：安裝完成重新啟動電腦

待電腦重新啟動完進入系統後，再進入 PowerShell 模式，鍵入 Enable-WindowsOptionalFeature -Online -FeatureName MultiPathIO，然後按 Enter 鍵，開啟 MPIO 功能。

```
C:\Users\Administrator>powershell
Windows PowerShell
著作權 (C) 2016 Microsoft Corporation. 著作權所有，並保留一切權利。

PS C:\Users\Administrator> Enable-WindowsOptionalFeature -Online -FeatureName MultiPathIO
```

圖 1-95：開啟 MPIO 功能

啟用 MPIO 功能後，再鍵入指令 mpclaim -r -i -a" "，然後按 Enter 鍵，電腦將重新啟動。此指令將會支援 MPIO 的設備套用功能，待電腦重新啟動 MPIO 功能就生效了。

```
PS C:\Users\Administrator> Enable-WindowsOptionalFeature -Online -FeatureName MultiPathIO


Path          :
Online        : True
RestartNeeded : False



PS C:\Users\Administrator> mpclaim -r -i -a""
```

圖 1-96：使 MPIO 功能生效

目前 Server Core 的基本設定都完成了，但讀者是否發現，Server Core 只有指令的介面，對於習慣操作圖形介面的使用者而言很難適應，況且，

PowerShell 的指令也不是大家都熟悉的，所以，我們還是需要圖形介面來操作會比較習慣也比較方便。因此，再來我們要將這台 Server Core 升級成網域控制站，讓之前安裝的圖形介面 Server 加入網域後，便可很方便的採用圖形介面來操作 Server Core，甚至是接下來要介紹的 Nano Server。

先進入 PowerShell 模式，鍵入 Add-WindowsFeature -name ad-domain-services –IncludeManagementTools 後按 Enter 鍵，來安裝 AD 的角色。

```
PS C:\Users\Administrator> Add-WindowsFeature -name ad-domain-services -IncludeManagementTool|
```

圖 1-97：安裝 AD 角色

安裝 AD 角色完成後，鍵入 Install-ADDSForest -DomainName 'lab.com' -CreateDnsDelegation:$false -DomainMod 'WinThreshold' -ForestMode 'WinThreshold' -DomainNetbiosName 'LAB' -InstallDns:$true -DatabasePath '' -LogPath '' -SysvolPath '' -Force:$true -NorebootOnCompletion:$true 後，按 Enter 鍵，將此台 Server 升級成 Lab.com 網域的網域控制站。

- Install-ADDSForest：安裝新的樹系

- -DomainName：' 網域名稱 '

- -CreateDnsDelegation:$false：不使用 DNS 委派

- -DomainMod：網域級別，'WinThreshold'：為 Windows Server 2016

- -ForestMode：樹系級別

- -DomainNetbiosName：' 網域 Netbios 名稱 '

- -InstallDns:$true：安裝 DNS Server

- -DatabasePath '' -LogPath'' -SysvolPath''：AD DS 資料庫、記錄檔、SYSVOL 使用預設路徑資料夾

- -Force:$true：強制確認資訊，不需再確認

- -NorebootOnCompletion:$true：不重新啟動電腦

```
PS C:\Users\Administrator> Add-WindowsFeature -name ad-domain-services -IncludeManagementTools

Success Restart Needed Exit Code    Feature Result
------- -------------- ---------    --------------
True    No             Success      {Active Directory 網域服務, 群組原則管理, ...

PS C:\Users\Administrator> Install-ADDSForest -DomainName 'lab.com' -CreateDnsDelegation:$false -DomainMod 'WinThreshold' -ForestMode 'WinThreshold' -DomainN
etbiosName 'LAB' -InstallDns:$true -DatabasePath '' -LogPath '' -SysvolPath '' -Force:$true -NorebootOnCompletion:$true_
```

圖 1-98：升級成網域控制站

鍵入目錄服務還原模式密碼。

```
PS C:\Users\Administrator> Add-WindowsFeature -name ad-domain-services -IncludeManagementTools

Success Restart Needed Exit Code    Feature Result
------- -------------- ---------    --------------
True    No             Success      {Active Directory 網域服務, 群組原則管理, ...

PS C:\Users\Administrator> Install-ADDSForest -DomainName 'lab.com' -CreateDnsDelegation:$false -DomainMod 'WinThreshold' -ForestMode 'WinThreshold' -DomainN
etbiosName 'LAB' -InstallDns:$true -DatabasePath '' -LogPath '' -SysvolPath '' -Force:$true -NorebootOnCompletion:$true
SafeModeAdministratorPassword: ********
```

圖 1-99：目錄服務還原模式密碼

再鍵入一次，確認密碼。

```
PS C:\Users\Administrator> Install-ADDSForest -DomainName 'lab.com' -CreateDnsDelegation:$false -DomainMod 'WinThreshold' -ForestMode 'WinThreshold' -DomainN
etbiosName 'LAB' -InstallDns:$true -DatabasePath '' -LogPath '' -SysvolPath '' -Force:$true -NorebootOnCompletion:$true
SafeModeAdministratorPassword: ********
確認 SafeModeAdministratorPassword: ********_
```

圖 1-100：確認密碼

升級完成，鍵入 Restart-Computer 後按 Enter 鍵，重新啟動電腦。

```
PS C:\Users\Administrator> Install-ADDSForest -DomainName 'lab.com' -CreateDnsDelegation:$false -DomainMod 'WinThreshold' -ForestMode 'WinThreshold' -DomainN
etbiosName 'LAB' -InstallDns:$true -DatabasePath '' -LogPath '' -SysvolPath '' -Force:$true -NorebootOnCompletion:$true
SafeModeAdministratorPassword: ********
確認 SafeModeAdministratorPassword: ********
警告: Windows Server 2016 網域控制站有「允許與 Windows NT 4.0
相容的密碼編譯演算法」安全性設定的預設值，此設定可防止在建立安全性通道工作階段時使用強度較低的密碼編譯演算法。

如需有關此設定的詳細資訊，請參閱知識庫文章 942564 (http://go.microsoft.com/fwlink/?LinkId=104751)。

警告: 這部電腦至少有一張以上的實體網路介面卡在它的 IP 內容中未指派靜態 IP 位址。如果網路介面卡同時啟用 IPv4 與 IPv6 兩者，則實體網路介面卡的 IPv4 與 IPv6
內容都應指派 IPv4 與 IPv6 靜態 IP 位址。否則，應指定 IPv4 或 IPv6 任一個靜態 IP 位址。所有實體網路介面卡都應該完成這項靜態 IP 位址指派，讓網域名稱系統 (DNS)
能穩定運作。

警告: 因為找不到授權的父系區域，或該區域未執行 Windows DNS 伺服器，所以無法建立這部 DNS 伺服器的委派。如果要整合現有 DNS
基礎結構，則應該手動在父系區域中建立這部 DNS 伺服器的委派，以確保網域「lab.com」外部的可靠名稱解析。否則，不需要採取任何動作。

警告: Windows Server 2016 網域控制站有「允許與 Windows NT 4.0
相容的密碼編譯演算法」安全性設定的預設值，此設定可防止在建立安全性通道工作階段時使用強度較低的密碼編譯演算法。

如需有關此設定的詳細資訊，請參閱知識庫文章 942564 (http://go.microsoft.com/fwlink/?LinkId=104751)。

警告: 這部電腦至少有一張以上的實體網路介面卡在它的 IP 內容中未指派靜態 IP 位址。如果網路介面卡同時啟用 IPv4 與 IPv6 兩者，則實體網路介面卡的 IPv4 與 IPv6
內容都應指派 IPv4 與 IPv6 靜態 IP 位址。否則，應指定 IPv4 或 IPv6 任一個靜態 IP 位址。所有實體網路介面卡都應該完成這項靜態 IP 位址指派，讓網域名稱系統 (DNS)
能穩定運作。

警告: 因為找不到授權的父系區域，或該區域未執行 Windows DNS 伺服器，所以無法建立這部 DNS 伺服器的委派。如果要整合現有 DNS
基礎結構，則應該手動在父系區域中建立這部 DNS 伺服器的委派，以確保網域「lab.com」外部的可靠名稱解析。否則，不需要採取任何動作。

Message                  Context           RebootRequired Status
-------                  -------           -------------- ------
您必須重新啟動這部電腦以完成操作... DCPromo.General.2       True           Success

PS C:\Users\Administrator> Restart-Computer_
```

圖 1-101：升級完成

當 AD 建好後，我們回到上節建立的 GUI 系統，到伺服器管理員中的「本機伺服器」，點選工作群組「WORKGROUP」。

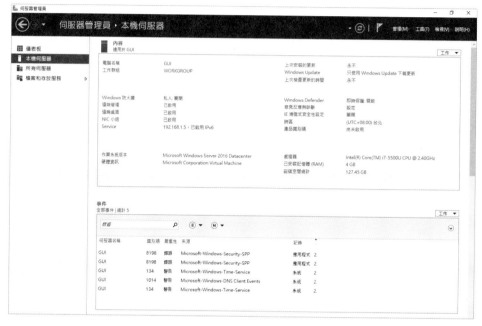

圖 **1-102**：開啟工作群組

在系統內容視窗中，點選「變更」。

圖 **1-103**：系統內容

開啟「電腦名稱/網域變更」
視窗，在成員隸屬中點選「網
域」，鍵入網域名稱後點選「確
定」。

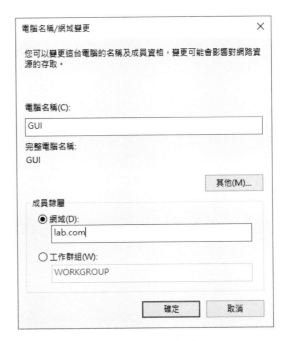

圖 **1-104**：鍵入要加入的網域名稱

要求鍵入網域管理員的帳密，
在 未 新 增 Domain Admin
的帳號前，也就是 AD 那台
Administrator 的帳密，鍵入
完後點選「確定」。

圖 **1-105**：鍵入網域管理員帳密

成功加入網域，點選「確定」。

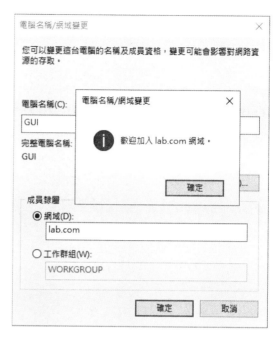

圖 1-106：成功加入網域

系統會要求重新啟動電腦，點
選「確定」。

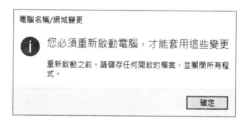

圖 1-107：重新啟動電腦

重新開機後，在登入時帳號
前要加上網域名稱，LAB\
Administrator 使用網域管理
員帳號登入。

圖 1-108：登入帳號前需加上網域名稱

登入後，再進入伺服器管理員中的「本機伺服器」，可看到已加入 lab.com
網域。

圖 1-109：電腦已加入網域

以滑鼠右鍵點選「所有伺服器後」，點選「新增伺服器」。

圖 1-110：新增伺服器

開啟新增伺服器視窗，在名稱中鍵入要加入的伺服器名稱，點選「立即尋找」。

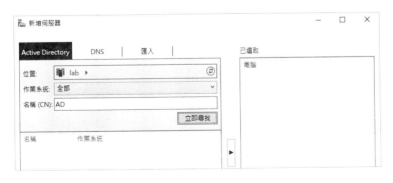

圖 1-111：尋找要加入的伺服器

點選「AD」伺服器，再點選往右的箭頭，點選「確定」。

圖 1-112：將 AD 加入

將 AD 伺服器成功的加入伺服器管理員後，我們便可使用方便的圖形介面來操作由 Server Core 建立的網域控制站了，詳細的操作在後面章節的範例中會詳述。

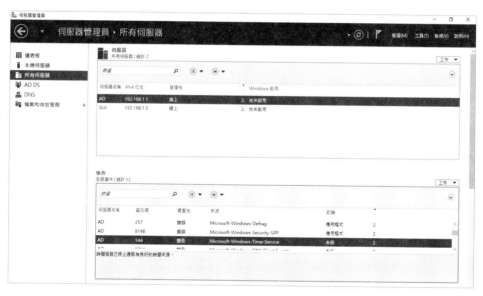

圖 1-113：將 AD 加入伺服器管理員

1·3 Nano Server 安裝與基本設定操作

現在要介紹筆者最推崇的 Nano Server 了，這是在新版 Windows Server 2016 中才有的，Nano Server 是微軟目前最精簡的 OS，而它也不能靠一般的安裝來完成，要利用 Windows Server 2016 的安裝光碟採用 PowerShell 指令建立出 .VHDX 的硬碟檔來使用。不過，微軟也推出了好用的 Nano Server Image Builder（一個圖形介面程式），可用來製作 Nano Server 的硬碟檔以及可開機 USB。

1·3·1 Nano Server 安裝

要建立 Nano Server 的硬碟檔，可以使用 Powershell 指令由 Windows Server 2016 的光碟建立，也可以使用有 GUI 介面的 Nano Server Image Builder 來建立 Nano Server 的硬碟檔。

Nano Server Image Builder 可以安裝在一般 PC Win10 上，但首先要先安裝 Windows ADK 套件。筆者使用的是 Win10（1709 版本），可從以下網址下載：

https://developer.microsoft.com/zh-tw/windows/hardware/
windows-assessment-deployment-kit

下載之後，執行 adksetup.exe 開始安裝。

進入 ADK 的開始安裝畫面，使用預設的安裝路徑，再點選「下一步」。

圖 1-114：ADK 開始安裝畫面選擇安裝路徑

進入 Windows 套件隱私權畫面，使用預設的選擇，再點選「下一步」。

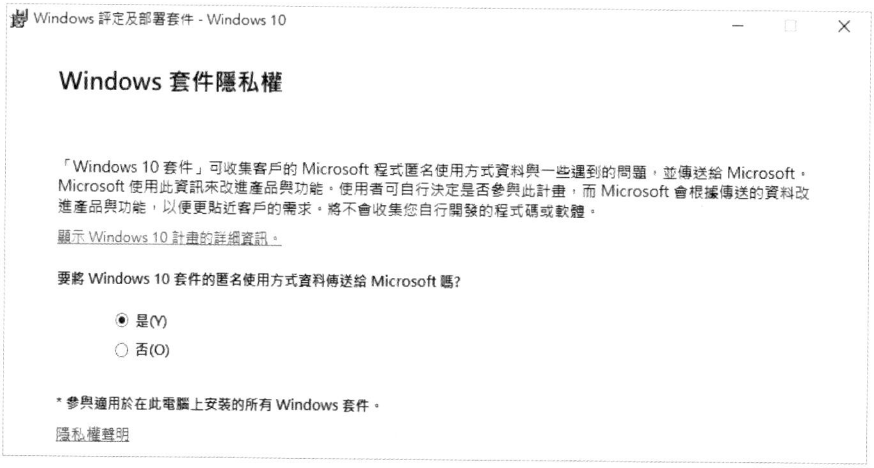

圖 1-115：確認套件隱私權

確認授權合約，點選「接受」。

圖 1-116：確認授權合約

選取要安裝的功能，勾選「部署工具」及「Windows 預先安裝環境（Windows PE）」這兩項後，點選「安裝」。

圖 1-117：選取要安裝的功能

正在安裝所選取的功能。

圖 **1-118**：正在安裝功能

安裝完成，點選「關閉」。

圖 **1-119**：安裝完成

安裝好 Windows ADK 後，就可以開始安裝 Nano Server Image Builder 了，可以從以下網址下載：

https://www.microsoft.com/en-us/download/details.aspx?id=54065

點選下載回來的 NanoServerImageBuilder.msi 執行安裝。

開啟安裝精靈，點選「Next」。

圖 1-120：進入安裝精靈

授權確認，勾選「I accept the terms in the License Agreemant」後，點選
「Next」。

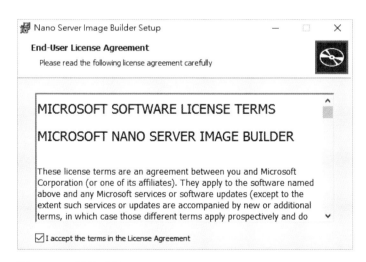

圖 1-121：授權確認

確認安裝路徑，建議使用預設的路徑，點選「Next」。

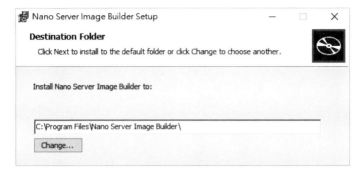

圖 1-122：確認安裝路徑

準備進入安裝確認，點選「Install」。

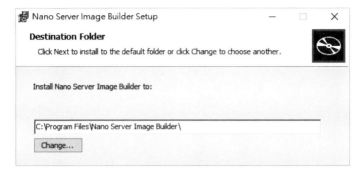

圖 1-123：確認安裝

安裝完成，點選「Finish」。

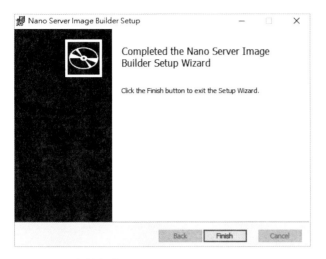

圖 1-124：安裝完成

要使用 Nano Server 之前，需要使用 Nano Server Image Builder 來建立可開機的硬碟檔或 USB 給實體機開機。

由開始功能表中點選 Nano Server Image Builder 執行，首先，要先建立一個硬碟檔，所以點選「Create a new Nano Server image」。

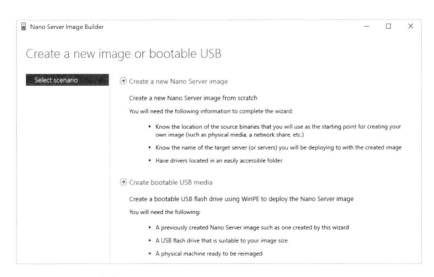

圖 1-125：開始執行 Nano Server Image Builder

開始建立硬碟檔前的提示說明，點選「Next」。

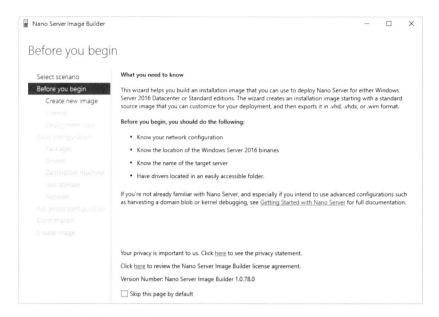

圖 **1-126**：建立映像檔前提示説明

如果有 Windows Server 2016 的安裝映像檔，就要先將它掛起在系統下，或是有安裝光碟，要先放入光碟機。在此選擇映像檔掛起的磁碟代號，如果是使用安裝光碟，就選擇光碟代號。因 Nano Server 本身設定介面不支援中文，所以筆者建議使用英文版來建立 Nano Server 的硬碟檔，點選「Next」。

圖 **1-127**：選擇 Windows Server 2016 安裝來源

進入確認授權頁面，勾選「I have read and agree to the terms of the Microsoft Software License Agreement provided above.」後，點選「Next」。

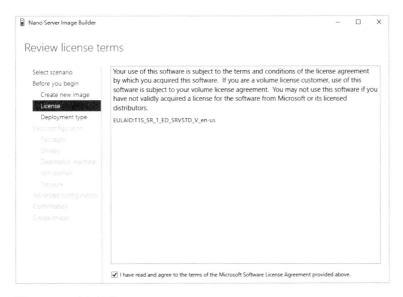

圖 1-128：確認授權

選擇使用環境與存放位置，建立的硬碟檔需選擇是使用在虛擬機上還是實體機上，點選「Virtual machine image」，如果是選擇要安裝在實體機上就選擇「Physical machine image」，再選擇建立的硬碟檔要存放在哪裡，建立完成後一併產生的 Log 也會存在此處。硬碟檔的大小採用預設即可，完成後點選「Next」。

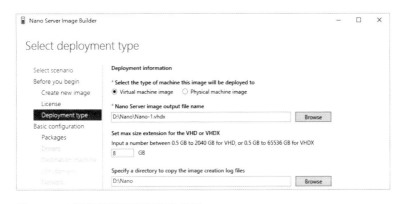

圖 1-129：選擇使用環境與存放位置

硬碟檔的資訊確認完畢，點選「Next」。

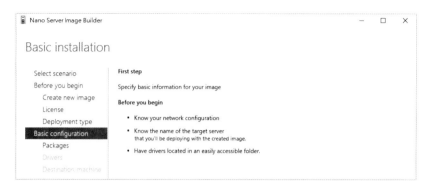

圖 1-130：硬碟檔資訊確認

選擇所需的功能，我們採用 Datacenter 的版本，並勾選「Hyper-V」、「Windows PowerShell Desired State Configuration」、「容錯移轉叢集服務」、「檔案伺服器角色與其他儲存元件」等功能，完成後點選「Next」。

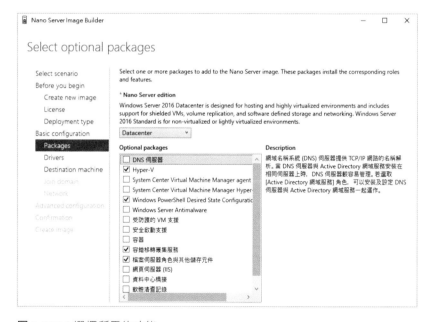

圖 1-131：選擇所需的功能

增加額外的驅動程式，如果你已知機器上有那些額外的裝置，並且已有提供針對 Windows Server 2016 的驅動程式，在此可點選加入，完成後點選「Next」。

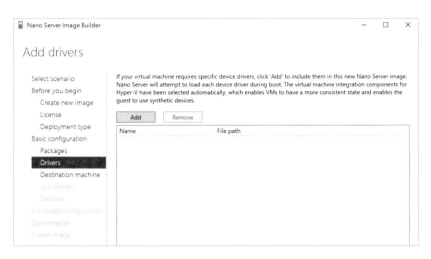

圖 1-132：增加額外的驅動程式

設置 Server 的資訊，設定 Server Name 以及系統管理員的密碼，完成後點選「Next」。

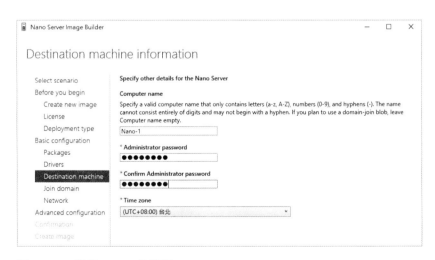

圖 1-133：設置 Server 的資訊

進入加入網域頁面，此頁面可設定 Server 加入網域，但依筆者的經驗，並不是可以 100% 的成功加入，因此現階段先不設定，待開機後再設定加入網域。完成後點選「Next」。

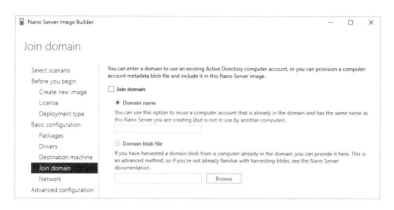

圖 **1-134**：加入網域

進入設定網路頁面，首先勾選「Enable WinRM and remote PowerShell connections from all subnets」，本範例中我們使用預設的「Enable DHCP to obtain an IP address automatically」，待開機進入系統後再設定網路。完成後點選「Next」。

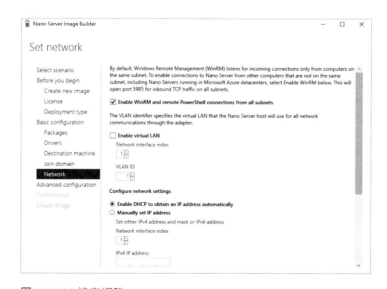

圖 **1-135**：設定網路

準備建立硬碟檔，點選「Creat basic Nano Server image」。

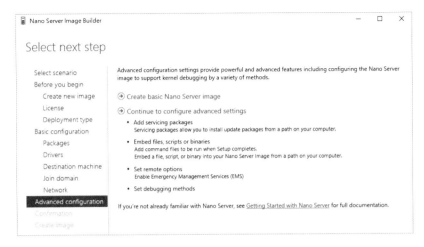

圖 1-136：準備建立硬碟檔

確認所有設定資訊，點選「Create」。

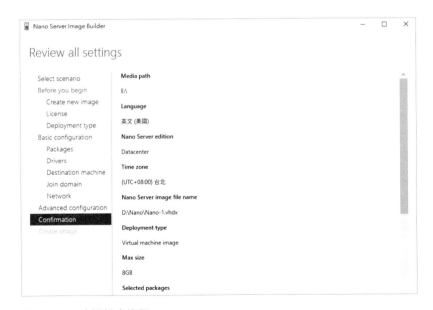

圖 1-137：確認設定資訊

建立硬碟檔。

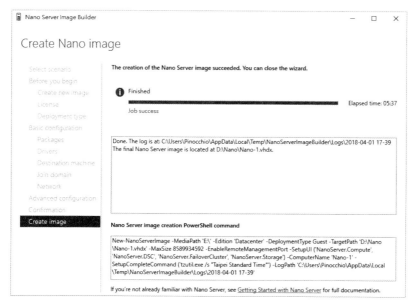

圖 **1-138**：建立硬碟檔

硬碟檔建立完成，點選「Close」離開。

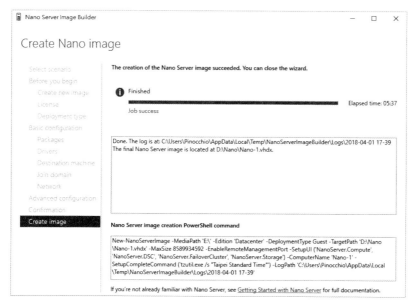

圖 **1-139**：硬碟檔建立完成

如果要將 Nano Server 安裝在實體機上，我們就要建立可開機的 USB，而建立可開機的 USB，前提是要先建立好一個選擇「Physical machine image」的硬碟檔。執行 Nano Server Image Builder 後點選「Create bootable USB media」。

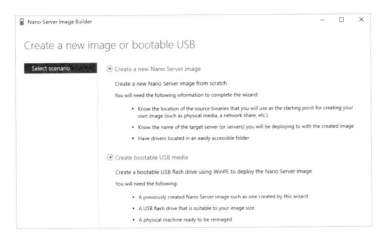

圖 1-140：開始執行 Nano Server Image Builder

開始建立 USB 前的提示說明，點選「Next」。

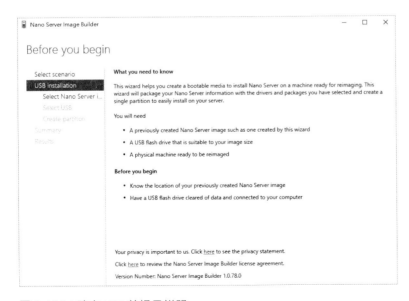

圖 1-141：建立 USB 前提示說明

選擇要使用的硬碟檔，點選「Next」。

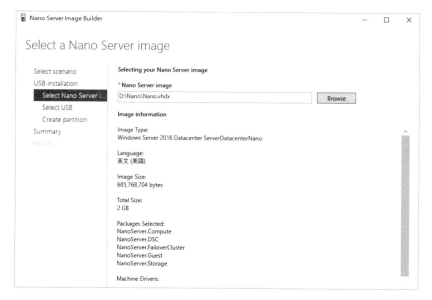

圖 1-142：選擇使用的硬碟檔

插入 USB Drive，選擇 USB 的磁碟代號，點選「Next」。

圖 1-143：選擇 USB 的磁碟代號

選擇系統開機模式是 BIOS 或是 UEFI，目前新的主機都採用 UEFI 了，點選
「Next」。

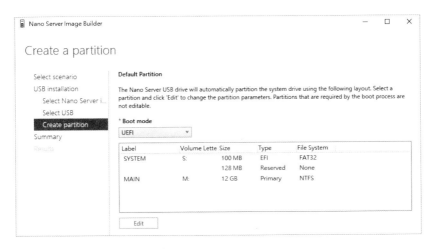

圖 1-144：選擇系統開機模式

確認所選擇的資訊，點選「Create」。

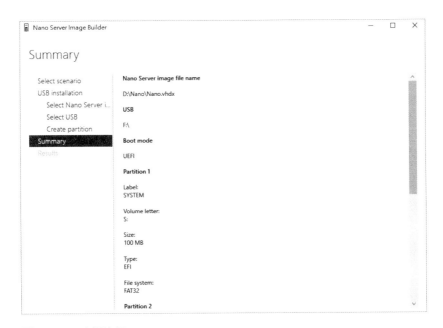

圖 1-145：確認資訊

確認完資訊，點選「Create」後出現提示畫面，說明建立時會將 USB 上既有的資料刪除，點選「確定」。

圖 1-146：提示資訊

正在建立可開機 USB。

圖 1-147：建立可開機 USB

可開機 USB 建立完成，而為了方便使用，也可將此 USB 建立成一個映像檔。在「Create a bootable ISO file from the contents of the USB media」中輸入欲存放映像檔的路徑與檔名，切記附檔名為 .iso，完成後點選「Create」。

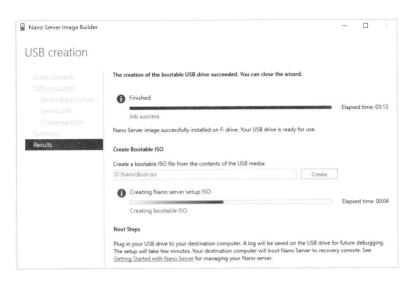

圖 1-148：建立可開機映像檔

建立完成，點選「Close」離開，便可使用此 USB 或映像檔去實體機開機。但切記由此媒體開機後，會將實體機上目前預設的開機磁碟清空，並將之前建立的硬碟檔 Copy 進去，而後都將由此硬碟檔開機。

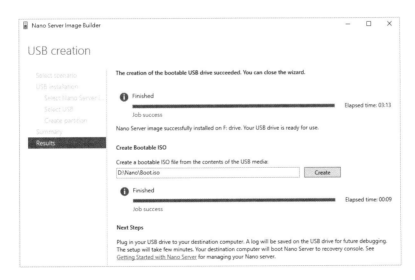

圖 1-149：建立完成

現在，可以使用此 USB 或 ISO 檔來開機了。

1·3·2 Nano Server 基本設定操作

在使用 USB 或 ISO 開機之前,要先說明一下,如果讀者是在實際系統環境中的實體機安裝,因為 Nano Server 本身只能作基本的網路設定與基本服務防火牆的開關外,並沒有可以更進一步複雜的設定,其餘的設定都要靠 GUI 介面由遠端來操作設定。所以筆者建議:使用 Nano Server 開機後,先用 NB 與 Nano Server 對接,將網路部分設定好後,再將 Nano Server 接上系統實際的網路環境。以下就對其基本設定操作介紹。

開機後先鍵入 Administrator 帳密,密碼為在製作硬碟檔時建立的密碼。

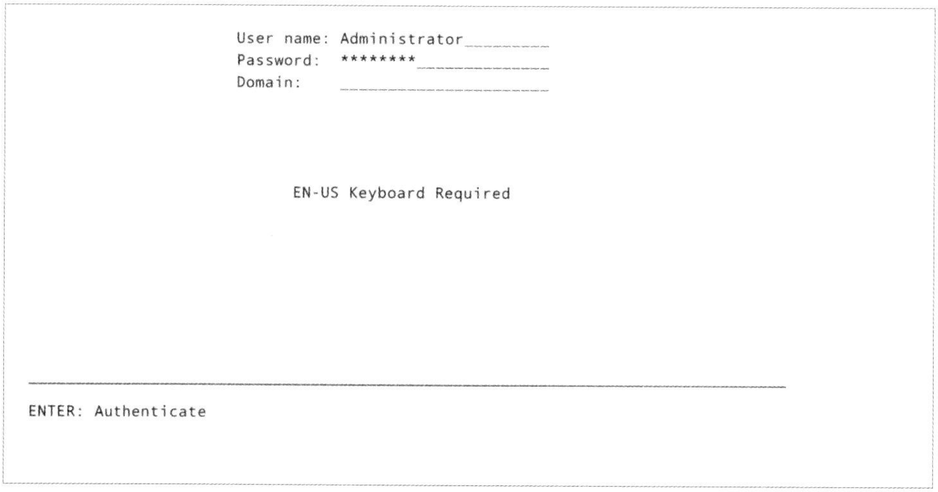

```
                 User name: Administrator_____
                 Password:  ********_____
                 Domain:    _____



                   EN-US Keyboard Required







_____

 ENTER: Authenticate
```

圖 1-150:開機登入

登入後，首先要設定網卡 IP，選擇「Networking」後按 Enter 鍵，進入網卡設定。

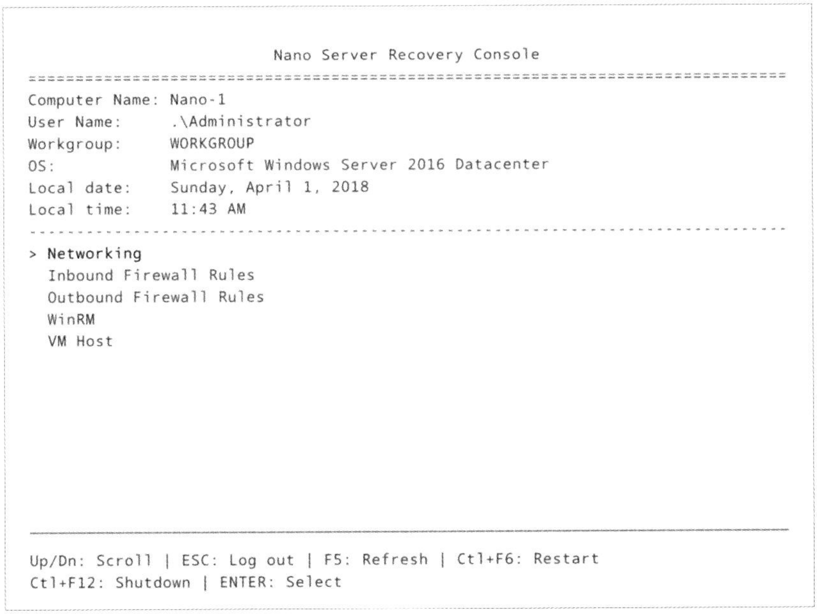

```
                    Nano Server Recovery Console
========================================================================
Computer Name: Nano-1
User Name:      .\Administrator
Workgroup:      WORKGROUP
OS:             Microsoft Windows Server 2016 Datacenter
Local date:     Sunday, April 1, 2018
Local time:     11:43 AM
- - - - - - - - - - - - - - - - - - - - - - - - - - - - - - - - - - - -
> Networking
  Inbound Firewall Rules
  Outbound Firewall Rules
  WinRM
  VM Host




_____
Up/Dn: Scroll | ESC: Log out | F5: Refresh | Ctl+F6: Restart
Ctl+F12: Shutdown | ENTER: Select
```

圖 1-151：選擇網卡設定

可以看到目前系統上有三張網卡，在此要說明一下，如果是安裝在實體主機上，要連接主要系統網路一樣會使用兩張網卡作 Teaming，因此目前要先在不是接主要系統網路的網卡上來進行設定，因為設定完 IP 後，其餘的操作設定都要藉由遠端的圖形介面執行。在此選擇 Ethernet 3 後按 Enter 鍵，來作網卡的 IP 設定。

```
                        Network Settings
========================================================================
Select an adapter to configure.
------------------------------------------------------------------------




   Ethernet (00-15-5D-01-FE-6D)
   Ethernet 2 (00-15-5D-01-FE-6E)
 > Ethernet 3 (00-15-5D-01-FE-6F)






_____
Up/Dn: Highlight | ENTER: Select | ESC: Back
```

圖 1-152：選擇要設定的網卡

進入後可看到 Ethernet 3 這張網卡目前的資訊，按 F11 鍵來設定網卡。


```
                     Network Adapter Settings
========================================================================
Ethernet 3
Microsoft Hyper-V Network Adapter #3
------------------------------------------------------------------------
State          Started
MAC Address    00-15-5D-01-FE-6F

Interface
DHCP           Enabled
IPv4 Address   169.254.76.27
Subnet mask    255.255.0.0
Prefix Origin  Well Known
Suffix Origin  Link

Interface
DHCP           Enabled
IPv6 Address   fe80::1967:b008:cfa8:4c1b
Prefix Length  64
Prefix Origin  Well Known
Suffix Origin  Link

_____
Up/Dn: Scroll | ESC: Back | F4: Toggle | F10: Routing Table
F11: IPv4 Settings | F12: IPv6 Settings
```

圖 1-153：網卡資訊

目前是啟用 DHCP 的功能，按 F4 鍵來設定此網卡的靜態 IP。

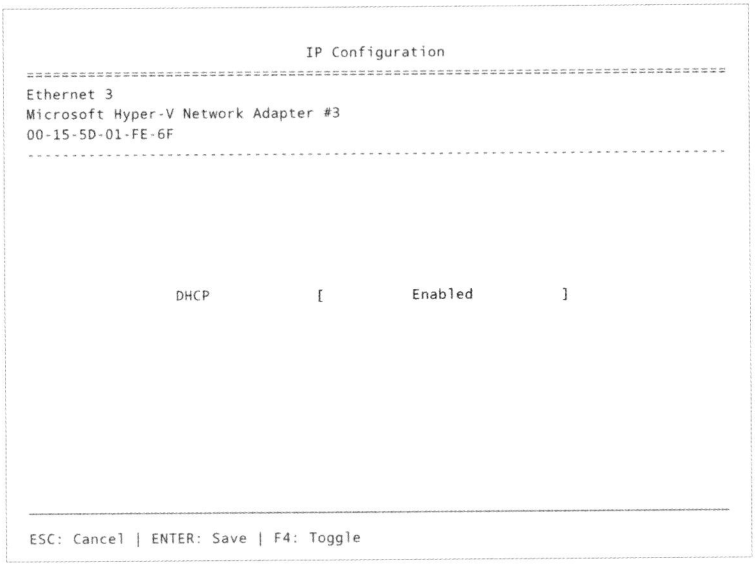

```
                            IP Configuration
===============================================================================
Ethernet 3
Microsoft Hyper-V Network Adapter #3
00-15-5D-01-FE-6F
- - - - - - - - - - - - - - - - - - - - - - - - - - - - - - - - - - - - - - - -



        DHCP              [          Enabled          ]




_____
ESC: Cancel | ENTER: Save | F4: Toggle
```

圖 1-154：關閉 DHCP

設定網卡 IP，完成後按 Enter 鍵確認。

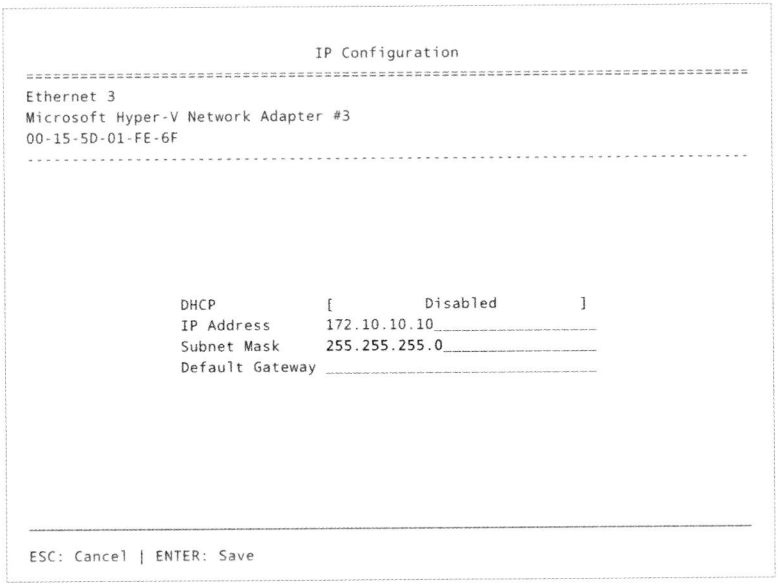

```
                            IP Configuration
===============================================================================
Ethernet 3
Microsoft Hyper-V Network Adapter #3
00-15-5D-01-FE-6F
- - - - - - - - - - - - - - - - - - - - - - - - - - - - - - - - - - - - - - - -




        DHCP              [          Disabled         ]
        IP Address        172.10.10.10_____
        Subnet Mask       255.255.255.0_____
        Default Gateway   _____



_____
ESC: Cancel | ENTER: Save
```

圖 1-155：設定網卡 IP

設定好 Nano Server 網卡 IP 後，接著透過遠端的 GUI 介面對其進行設定與操作。如果是在實際環境上，就使用 NB 與 Nano Server 剛設定 IP 的那張網卡對接，當然 NB 上要設定同一個網段才能連線，在此將會使用之前建立的 GUI 那台 Server 來對此 Nano Server 作遠端連線的操作與設定。

回到 GUI 介面，在程式集中點選「Windows PowerShell」，以滑鼠右鍵點選「Windows PowerShell」，再點選「更多」，點選「以系統管理員身分執行」。

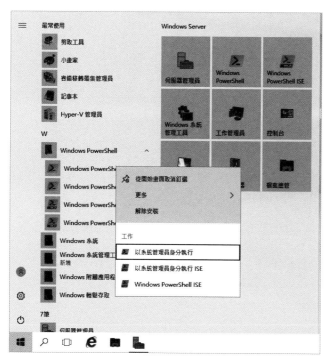

圖 1-156：以系統管理員身分執行 PowerShell

在 PowerShell 模式中鍵入 Set-Item WSMan:\localhost\Client\TrustedHosts 172.10.10.10 –Force 指令，此指令用來取得 Nano Server 的信任。再鍵入 Enter-PSSession -ComputerName 172.10.10.10 -Credential ~\Administrator 指令，使用 Administrator 登入 Nano Server 的 PowerShell 模式。

圖 1-157：取得信任並用 Administrator 登入 PowerShell 模式

點選「確定」，便登入 Nano Server 的 PowerShell 模式，可看到已進入 172.10.10.10 的 PowerShell 模式中了。

```
系統管理員: Windows PowerShell
Windows PowerShell
著作權 (C) 2016 Microsoft Corporation. 著作權所有，並保留一切權利。

PS C:\Users\Administrator.LAB> Set-Item WSMan:\localhost\Client\TrustedHosts 172.10.10.10 - Force
PS C:\Users\Administrator.LAB> Enter-PSSession -ComputerName 172.10.10.10 -Credential ~\Administrator
[172.10.10.10]: PS C:\Users\Administrator\Documents> _
```

圖 1-158：進入 Nano Server 的 PowerShell 模式裡

鍵入 Get-NetIPConfiguration 後按 Enter 鍵，查看網路介面資訊。

```
PS C:\Users\Administrator.LAB> Set-Item WSMan:\localhost\Client\TrustedHosts 172.10.10.10 - Force
PS C:\Users\Administrator.LAB> Enter-PSSession -ComputerName 172.10.10.10 -Credential ~\Administrator
[172.10.10.10]: PS C:\Users\Administrator\Documents> Get-NetIPConfiguration


InterfaceAlias        : Ethernet 3
InterfaceIndex        : 2
InterfaceDescription  : Microsoft Hyper-V Network Adapter #3
NetProfile.Name       : Unidentified network
IPv4Address           : 172.10.10.10
IPv6DefaultGateway    :
IPv4DefaultGateway    :
DNSServer             : fec0:0:0:ffff::1
                        fec0:0:0:ffff::2
                        fec0:0:0:ffff::3

InterfaceAlias        : Ethernet 2
InterfaceIndex        : 3
InterfaceDescription  : Microsoft Hyper-V Network Adapter #2
NetProfile.Name       : Unidentified network
IPv4Address           : 169.254.228.76
IPv6DefaultGateway    :
IPv4DefaultGateway    :
DNSServer             : fec0:0:0:ffff::1
                        fec0:0:0:ffff::2
                        fec0:0:0:ffff::3

InterfaceAlias        : Ethernet
InterfaceIndex        : 4
InterfaceDescription  : Microsoft Hyper-V Network Adapter
NetProfile.Name       : Unidentified network
IPv4Address           : 169.254.22.74
IPv6DefaultGateway    :
IPv4DefaultGateway    :
DNSServer             : fec0:0:0:ffff::1
                        fec0:0:0:ffff::2
                        fec0:0:0:ffff::3
```

圖 **1-159**：查看網路介面資訊

現在要建立兩張網卡的 Teaming，但 Nano Server 不支援 Windows Server 裡的 NIC 小組 Teaming。為了超融合的架構，Nano Server 裡支援的是 EmbeddedTeaming，此 Teaming 只能建立虛擬交換器，並配合 RDMA 的功能來使用，RDMA 將在後續章節說明。

鍵入 New-VMSwitch -Name vSwitch -NetAdapterName "Ethernet","Ethernet 2" -EnableEmbeddedTeaming $true -AllowManagementOS $false 鍵按 Enter 鍵，將 Ethernet 與 Ethernet 2 兩張網卡 Teaming 名為 vSwitch 的虛擬交換器。在鍵入 Add-VMNetworkAdapter -SwitchName vSwitch -Name Service –ManagementOS 後按 Enter 鍵，由 vSwitch 虛擬交換器建立 1 張虛擬網卡 Service。

New-VMSwitch -Name XXX -NetAdapterName "XXX","XXX" -EnableEmbeddedTeaming $true -AllowManagementOS $false：XXX 為建立的虛擬交換器名稱，"XXX","XXX" 要 Teaming 的兩張網卡名稱。

Add-VMNetworkAdapter -SwitchName XXX -Name XXX – ManagementOS：-SwitchName XXX 由 XXX 名稱的虛擬交換器，-Name XXX 建立的虛擬網卡名稱。

```
[172.10.10.10]: PS C:\Users\Administrator\Documents> New-VMSwitch -Name vSwitch -NetAdapterName "Ethernet","Ethernet 2" -EnableEmbeddedTeaming $true -AllowManagementOS $false

Name    SwitchType NetAdapterInterfaceDescription
----    ---------- ------------------------------
vSwitch External   Teamed-Interface

[172.10.10.10]: PS C:\Users\Administrator\Documents> Add-VMNetworkAdapter -SwitchName vSwitch -Name Service  - ManagementO
[172.10.10.10]: PS C:\Users\Administrator\Documents> _
```

圖 **1-160**：Teaming 網卡

再鍵入 Get-NetIPConfiguration 後按 Enter 鍵，即可看到已建好一張 Service 的虛擬網卡。再鍵入 Restart-Computer 後按 Enter 鍵，將電腦重新啟動。

```
[172.10.10.10]: PS C:\Users\Administrator\Documents> Add-VMNetworkAdapter -SwitchName vSwitch -Name Service  - ManagementO
[172.10.10.10]: PS C:\Users\Administrator\Documents> Get-NetIPConfiguration

InterfaceAlias       : vEthernet (Service)
InterfaceIndex       : 12
InterfaceDescription : Hyper-V Virtual Ethernet Adapter
NetProfile.Name      : Unidentified network
IPv4Address          : 169.254.190.229
IPv6DefaultGateway   :
IPv4DefaultGateway   :
DNSServer            : fec0:0:0:ffff::1
                       fec0:0:0:ffff::2
                       fec0:0:0:ffff::3

InterfaceAlias       : Ethernet 3
InterfaceIndex       : 2
InterfaceDescription : Microsoft Hyper-V Network Adapter #3
NetProfile.Name      : Unidentified network
IPv4Address          : 172.10.10.10
IPv6DefaultGateway   :
IPv4DefaultGateway   :
DNSServer            : fec0:0:0:ffff::1
                       fec0:0:0:ffff::2
                       fec0:0:0:ffff::3


[172.10.10.10]: PS C:\Users\Administrator\Documents> Restart-Computer_
```

圖 **1-161**：確認 Teaming 的網卡並重新啟動電腦

在重新啟動 Nano Server 後，我們以上述步驟進入 Nano Server 來設定 Service 網卡的 IP，完成後便可以將 Nano Server 接上實際系統環境的網路。但如果系統中有使用 VLAN ID，那就還是要先接 NB 在網卡設定好 IP 後，再鍵入 Set-VMNetworkAdapterVlan -VMNetworkAdapterName Service -VlanId XXX -Access –ManagementOS，來設定網卡的 VLAN ID。

Set-VMNetworkAdapterVlan -VMNetworkAdapterName XXX -VlanId XXX -Access –ManagementOS：-VMNetworkAdapterName XXX 要設定的網卡名稱，-VlanId XXX 設定的 Vlan Id。

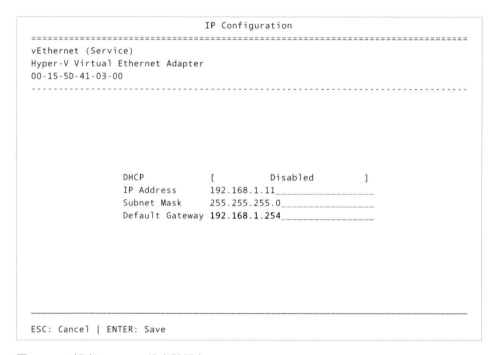

```
                           IP Configuration
=================================================================================
vEthernet (Service)
Hyper-V Virtual Ethernet Adapter
00-15-5D-41-03-00
- - - - - - - - - - - - - - - - - - - - - - - - - - - - - - - - - - - - - - - -




                DHCP            [          Disabled          ]
                IP Address      192.168.1.11_____
                Subnet Mask     255.255.255.0_____
                Default Gateway 192.168.1.254_____



      _____
ESC: Cancel | ENTER: Save
```

圖 1-162：設定 Teaming 的虛擬網卡 IP

回到 GUI 介面依前述方式，進入 Nano Server 的 PowerShell 模式中。鍵入 Get-NetIPConfiguration 確認 Service 網卡的 InterfaceIndex，然後鍵入 Set-DnsClientServerAddress -InterfaceIndex 7 -ServerAddress 192.168.1.1 設定 DNS Server IP，再鍵入 Set-NetFirewallProfile -Profile Domain,Public,Private -Enabled False 來關閉防火牆。

Set-DnsClientServerAddress -InterfaceIndex X -ServerAddress XXX.XXX.
XXX.XXX：-InterfaceIndex X 網卡索引編號，-ServerAddress XXX.XXX.
XXX.XXX DNS Server 的 IP。

```
[192.168.1.11]: PS C:\Users\Administrator\Documents> Get-NetIPConfiguration

InterfaceAlias        : vEthernet (Service)
InterfaceIndex        : 7
InterfaceDescription  : Hyper-V Virtual Ethernet Adapter
NetProfile.Name       : Network
IPv4Address           : 192.168.1.11
IPv6DefaultGateway    :
IPv4DefaultGateway    : 192.168.1.254
DNSServer             : fec0:0:0:ffff::1
                        fec0:0:0:ffff::2
                        fec0:0:0:ffff::3


[192.168.1.11]: PS C:\Users\Administrator\Documents> Set-DnsClientServerAddress -InterfaceIndex 7 -ServerAddress 192.168.1.1
[192.168.1.11]: PS C:\Users\Administrator\Documents> Set-NetFirewallProfile -Profile Domain,Public,Private -Enabled False
[192.168.1.11]: PS C:\Users\Administrator\Documents> _
```

圖 **1-163**：設定 DNS Server IP 與關閉防火牆

到此網卡的設定就完成了，現在我們要將 Nano Server 加入網域。在 GUI 中使用滑鼠右鍵點選左下方的視窗圖示，點選「命令提示字元（系統管理員）」。

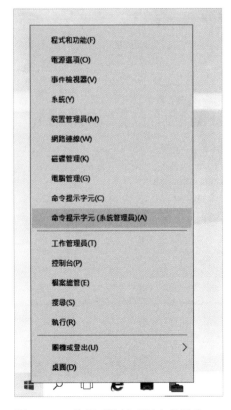

圖 **1-164**：使用系統管理員身分開啟 DOS 模式

在 DOS 模 式 中 鍵 入 djoin.exe /provision /domain lab.com /machine Nano-1 /savefile c:\nano.txt 後按 Enter 鍵，在網域內建立 Nano Server，並建立要將 Nano Server 加入網域的文字檔存在本機 C 槽內。

djoin.exe /provision /domain XXX /machine XXX /savefile c:\XXX.txt：domain XXX 網域名稱，machine XXX 加入網域的 Server 名稱，savefile c:\XXX.txt 儲存的檔名與路徑。

圖 1-165：將 Nano Server 加入網域 DOS 模式下的指令

在 GUI 上打開檔案總管，在路徑欄位中輸入 \\192.168.1.11\c$，來進入 Nano Server 的 C 槽，並將剛製作加入網域的 nano.txt 文字檔，從 GUI 本機的 C 槽中 Copy 過去。

圖 1-166：Copy 加入網域的文字檔

回到 Nano Server 的 PowerShell 模式中，鍵入 djoin.exe /requestodj /loadfile c:\nano.txt /windowspath c:\windows /localos 後按 Enter 鍵，讓 Nano Server 加入網域，再鍵入 Restart-Computer 重新啟動 Nano Server。

djoin.exe /requestodj /loadfile c:\XXX.txt /windowspath c:\windows /localos：loadfile c:\XXX.txt 要讀的檔案名稱與路徑。

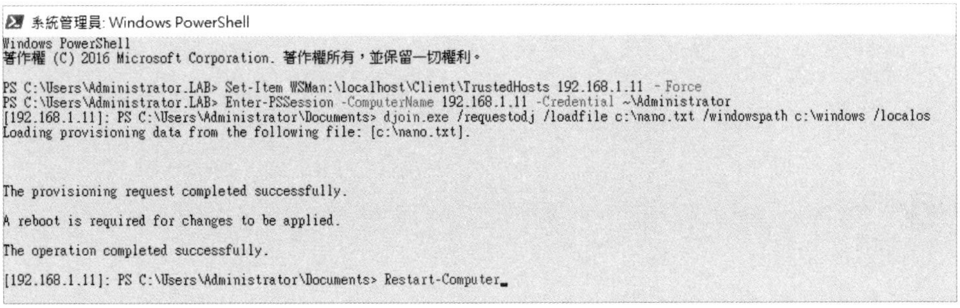

```
系統管理員: Windows PowerShell
Windows PowerShell
著作權 (C) 2016 Microsoft Corporation. 著作權所有，並保留一切權利。

PS C:\Users\Administrator.LAB> Set-Item WSMan:\localhost\Client\TrustedHosts 192.168.1.11 - Force
PS C:\Users\Administrator.LAB> Enter-PSSession -ComputerName 192.168.1.11 -Credential ~\Administrator
[192.168.1.11]: PS C:\Users\Administrator\Documents> djoin.exe /requestodj /loadfile c:\nano.txt /windowspath c:\windows /localos
Loading provisioning data from the following file: [c:\nano.txt].

The provisioning request completed successfully.

A reboot is required for changes to be applied.

The operation completed successfully.

[192.168.1.11]: PS C:\Users\Administrator\Documents> Restart-Computer
```

圖 **1-167**：將 Nano Server 加入網域

待 Nano Server 重新啟動後，增加鍵入網域登入。

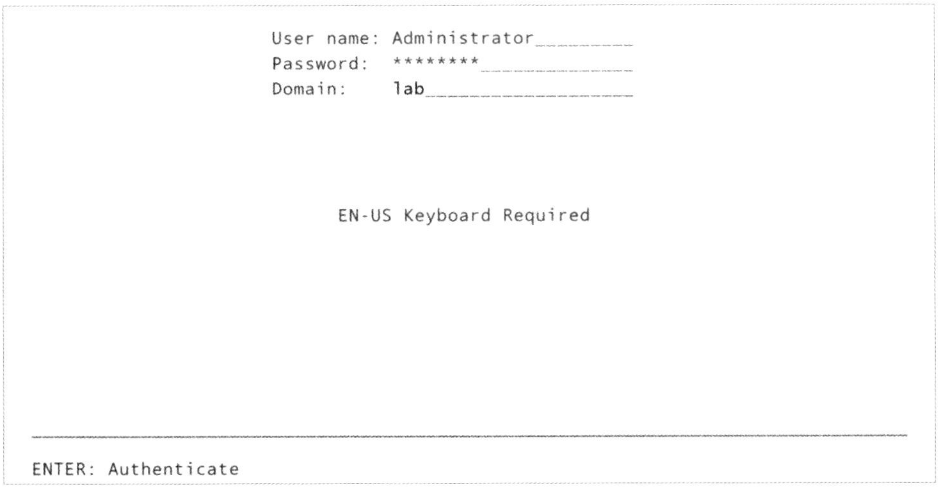

```
                    User name: Administrator_____
                    Password:  ********_____
                    Domain:    lab_____




                    EN-US Keyboard Required








  _____

  ENTER: Authenticate
```

圖 **1-168**：Nano Server 登入網域

進入系統後，可看到 Nano Server 已成功登入網域。

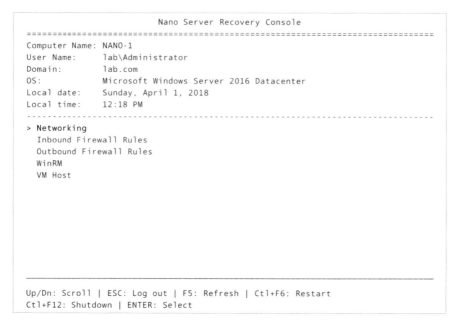

```
                          Nano Server Recovery Console
=================================================================================
Computer Name: NANO-1
User Name:     lab\Administrator
Domain:        lab.com
OS:            Microsoft Windows Server 2016 Datacenter
Local date:    Sunday, April 1, 2018
Local time:    12:18 PM
- - - - - - - - - - - - - - - - - - - - - - - - - - - - - - - - - - - - - - - - -
> Networking
  Inbound Firewall Rules
  Outbound Firewall Rules
  WinRM
  VM Host




_____

Up/Dn: Scroll | ESC: Log out | F5: Refresh | Ctl+F6: Restart
Ctl+F12: Shutdown | ENTER: Select
```

圖 **1-169**：Nano Server 已登入網域

一旦 Nano Server 加入網域後，就可以依前述的方式讓 Nano Server 加入 GUI
的伺服器管理員，此時就可以用圖形介面來操作與設定 Nano Server 了。

圖 **1-170**：Nano Server 新增至伺服器管理員

Nano Server 的基本操作設定就介紹到此，對於 MPIO 等更進一步的操作與
設定，在往後的章節依範例的實作將會有更詳盡的介紹說明。

Hyper-V 的
功能與操作介紹

CHAPTER 2

Windiws Server 2016 內建的 Hyper-V 功能比 2012 強化了一些，使得設定與操作上更加的方便與好用，Windows Server 2016 上的 Hyper-V 強化了哪些功能，可參考以下官網的網址說明：

https://docs.microsoft.com/zh-tw/windows-server/virtualization/hyper-v/what-s-new-in-hyper-v-on-windows

在 Windows Server 2016 上預設並沒有開啟 Hyper-V 的功能，因此下面就將介紹安裝 Hyper-V 角色並且介紹它的設定與操作。

2·1 Windows Server 2016 Hyper-V 角色功能安裝

在安裝好 Windows Server 2016 後，預設並沒有啟用 Hyper-V 的功能，因此我們先要安裝 Hyper-V 的角色後，才能開啟 Hyper-V 管理員來作設定與操作。進入伺服器管理員的「儀表板」，點選「新增角色及功能」。

圖 **2-1**：新增角色及功能

開啟「新增角色及功能精靈」，點選「下一步」。

圖 **2-2**：新增角色及功能精靈

進入「選取安裝類型」頁面，點選「角色型或功能型安裝」後，點選「下一步」。

圖 **2-3**：選取安裝類型

進入「選取目的地伺服器」頁面，點選「從伺服器集區選取伺服器」，在伺服器集區中點選要安裝的伺服器後，點選「下一步」。

圖 2-4：選取目的地伺服器

進入「選取伺服器角色」頁面，點選「Hyper-V」。

圖 2-5：選取伺服器角色

新增 Hyper-V 所需的功能，點選「新增功能」。

圖 2-6：新增 Hyper-V 所需的功能

確認勾選 Hyper-V 角色功能，點選「下一步」。

圖 2-7：確認 Hyper-V 角色功能勾選

進入「選取功能」頁面，在本步驟中不作任何選取，點選「下一步」。

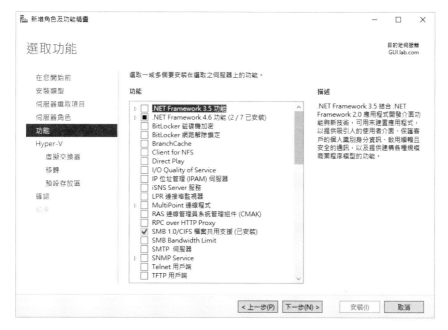

圖 2-8：選取功能

進入「Hyper-V」頁面，確認要安裝 Hyper-V 角色，點選「下一步」。

圖 2-9：確認要安裝 Hyper-V 角色

進入「建立虛擬交換器」頁面，在這裡我們都先不要設定，待 Hyper-V 安裝好後，再從 Hyper-V 管理員裡去設定，點選「下一步」。

圖 **2-10**：建立虛擬交換器

進入「虛擬機器移轉」頁面，這裡也都不要設定，待以後再設定，點選「下一步」。

圖 **2-11**：虛擬機器移轉

進入「預設存放區」頁面，這裡也不用改，如果建立的虛擬機不想存在預設的路徑，以後可以針對每個建立的虛擬機指定要存放的路徑。點選「下一步」。

圖 **2-12**：預設存放區

進入「確認安裝選項」頁面，確認安裝資訊，因為安裝完要重新啟動電腦，所以勾選「必要時自動重新啟動目的地伺服器」。

圖 **2-13**：確認安裝選項

勾選後將跳出伺服器會自動重新啟動的提示視窗，點選「是」。

圖 2-14：自動重新啟動提示視窗

點選「安裝」。

圖 2-15：確認安裝資訊準備安裝

進入「安裝進度」頁面，開始進行安裝，安裝完後系統便自動重新啟動。

圖 2-16：安裝進度

待系統重新啟動後，Hyper-V 的角色功能就安裝好了，可以開始啟用
Hyper-V 管理員來進行操作。點選「關閉」。

圖 2-17：安裝完成

2·2 Hyper-V 的基本設定與操作

安裝好 Hyper-V 的角色功能後，接下來就可以開啟 Hyper-V 管理員進行設
定與操作。點選左下方的視窗圖示，點選「Windows 系統管理工具」後，
點選「Hyper-V 管理員」。

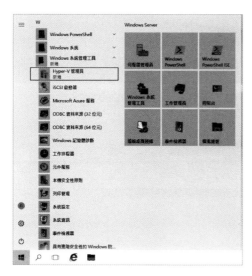

圖 2-18：開啟 Hyper-V 管理員

開啟「Hyper-V 管理員」後,我們要先對 Hyper-V 作一些基本設定。首先我們要先設定虛擬交換器,好讓虛擬機有網路可以使用。點選右上方的「虛擬交換器管理員」。

圖 **2-19**:Hyper-V 管理員

開啟「GUI 的虛擬交換器管理員」視窗。在此主要可以建立三種交換器:外部網路交換器,可以指定經由本機上哪張網卡與外部網路作連接;內部網路交換器,相當於建立一個區網,只有區網內的網路可以連通;私人網路交換器,也是建立一個區網,但不同於內部網路交換器的是:內部網路交換器中,本身 Host 的主機也可透過此網路與虛擬機連通,但私人網路交換器,就只有區網內的虛擬機可互相連通,而本身 Host 的主機都無法與此區網內的虛擬機連通。

在您要建立哪種類型的虛擬交換器中點選「內部」後,點選「建立虛擬交換器」,我們先建立一個內部虛擬網路交換器。

圖 **2-20**:虛擬交換器管理員

在名稱鍵入內部虛擬交換器，在連線類型點選「內部網路」後，點選「確定」。如果系統內有使用 VLAN ID，可勾選「啟用管理作業系統的虛擬 LAN 識別碼」，並在下方空格填入 VLAN ID 編號。

圖 **2-21**：新增內部虛擬交換器

如果系統內有使用 SAN Storage 採用 Fibre Channel 連線，在 Windows Server 2012 的 Hyper-V 已經可支援，由虛擬機來使用 Fibre Channel 連線 SAN Storage。點選「虛擬 SAN 管理員」。

圖 **2-22**：開啟虛擬 SAN 管理員

點選「建立」，建立虛擬 SAN 通道。

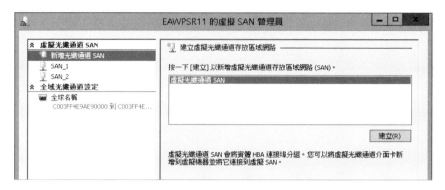

圖 **2-23**：虛擬 SAN 管理員

在名稱中鍵入通道名稱，並勾選可用的「WWNN」，點選「確定」。當然在建立完成、分配給虛擬機後，要依所配發到的 WWPN 再去 SAN Switch 上設定 Zone，如此在虛擬機內就可使用 SAN Storage 所分配的儲存空間了。

圖 **2-24**：新增光纖通道 SAN

基本設定好後，我們就新增一個虛擬機。點選右上方「新增」，點選「虛擬機器」。

圖 **2-25**：新增虛擬機

開啟「新增虛擬機器精靈」，點選「下一步」。

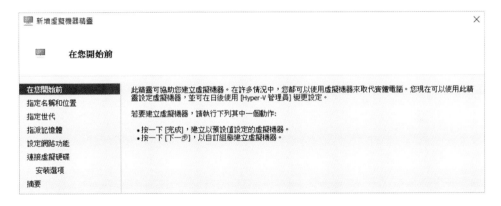

圖 **2-26**：新增虛擬機器精靈

進入「指定名稱和位置」頁面，在名稱中鍵入虛擬機的名稱，勾選「將虛擬機器儲存在不同位置」，並在位置用「瀏覽」的方式點選之前已建立的「VM」目錄，點選「下一步」。

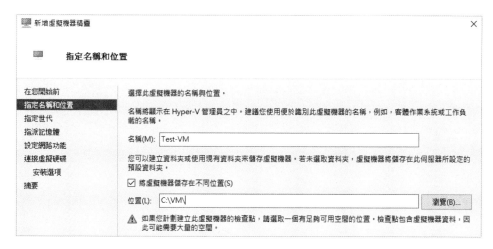

圖 **2-27**：指定名稱和位置

進入「指定世代」頁面，有「第 1 代」與「第 2 代」可選擇，如果虛擬機的系統是 32 位元，則要選擇第 1 代或是使用 VHD 的硬碟檔，目前我們都使用第 2 代，點選「下一步」。

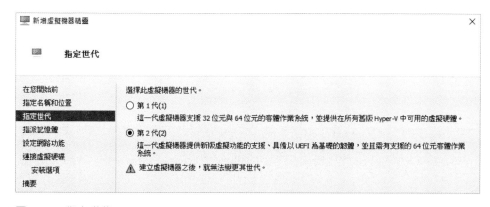

圖 **2-28**：指定世代

進入「指派記憶體」頁面，可設定要給虛擬機的記憶體大小，在此採用 MB 為計算單位，當然所指派的記憶體不可超過實體機的記憶體總量，在指派時也要考慮到本身實體機的系統要運作的記憶體量，關於動態記憶體待後面再說明。點選「下一步」。

圖 2-29：指派記憶體

進入「設定網路功能」頁面，在連線中選擇所要使用的虛擬交換器後，點選「下一步」。

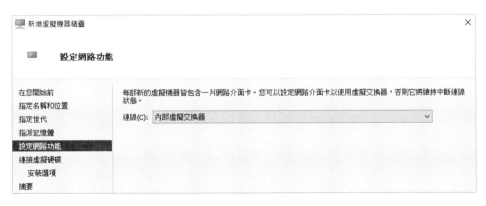

圖 2-30：設定網路功能

進入連接虛擬硬碟頁面,「建立虛擬硬碟」,可以為虛擬機新建一個虛擬硬碟,直接鍵入所需的空間大小,在此以 GB 為計算單位;「使用現有的虛擬硬碟」,如果之前有建立好硬碟檔,可在此直接按「瀏覽」點選;或也可選擇虛擬機建立完後「稍後連結虛擬硬碟」。此處點選預設的「建立虛擬硬碟」,完成後點選「下一步」。

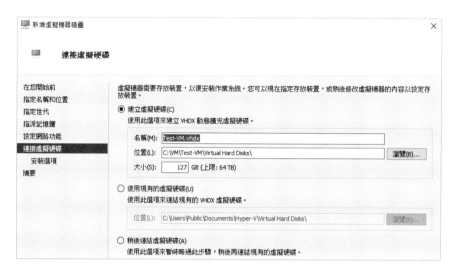

圖 **2-31**:連接虛擬硬碟

進入安裝選項頁面,點選「稍後安裝作業系統」;如果有系統安裝的 ISO 檔,也可選擇「從可開機映像檔安裝作頁系統」,使用「瀏覽」點選 ISO 檔,或選擇「從網路安裝伺服器安裝作業系統」,完成後點選「下一步」。

圖 **2-32**:安裝選項

進入「完成新增虛擬機器精靈」頁面，確認虛擬機器資訊後，點選「完成」。

圖 2-33：完成新增虛擬機器精靈

開始建立虛擬機。

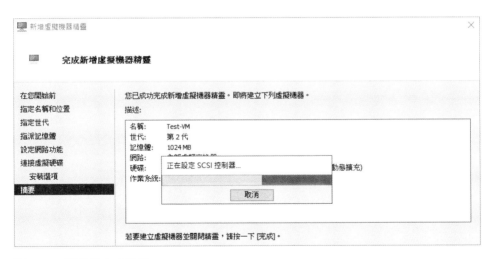

圖 2-34：開始建立虛擬機

虛擬機建立完成。

圖 **2-35**：虛擬機建立完成

虛擬機建立好後，我們還要作些細部的設定。用滑鼠右鍵點選要設定的虛擬
機，點選「設定」。

圖 **2-36**：虛擬機設定

記憶體設定的部分，可直接指定此虛擬機要分配使用的記憶體大小，其單位
以 MB 來計算。但此設定的記憶體大小不可超過實體主機的記憶體總量，也
要預留給實體主機系統執行的量，不然虛擬機是無法啟動的。

也可勾選「啟用動態記憶體」，可將動態記憶體的下限量設為此虛擬機最低
需求量，上限可設定實體主機的記憶體總量。如此當此主機上有多個虛擬機
運行時，系統可依各虛擬機的需求自動調配。

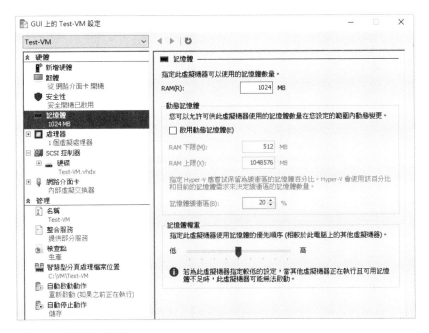

圖 2-37：設定記憶體

接著設定處理器，筆者習慣將「虛擬處理器數目」設為最大量，如此在多個虛擬機運行時，系統會自行作調配。如果有多個虛擬機同時運行，其中有比較需要 CPU 資源的虛擬機時，可將其「相對權數」提高，即可獲得較多的 CPU 資源。

圖 2-38：設定處理器

在硬碟設定的部分，點選「SCSI 控制器」，可「新增」、「移除」，硬碟、
DVD 光碟或是共用磁碟機。

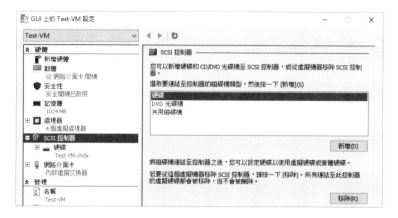

圖 **2-39**：設定 SCSI 控制器

此範例在新建虛擬機時一併新建了硬碟，所以也可以直接使用先前建立好的
硬碟檔，只要將之前建立好的硬碟檔，如下畫面中的路徑將它 Copy 至此虛
擬機的 Virtual Hard Disks 的目錄中或其他地方保存即可。在此用「瀏覽」
的方式來選擇，也可點選「移除」來移除此硬碟，或也可點選「編輯」來編
輯硬碟。

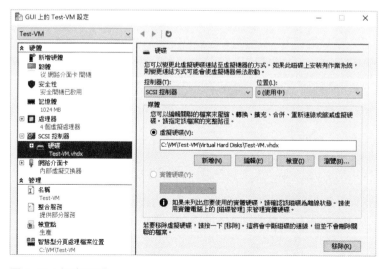

圖 **2-40**：設定硬碟

硬碟編輯的部分有三種選擇：

- 「壓縮」：可將硬碟裡的檔案壓縮，讓硬碟檔變更小，但不會去改變設定給硬碟的大小。

- 「轉換」：可轉換硬碟檔的格式。因為我們在建立此硬碟檔時，系統預設是使用「動態擴充」的方式建立，基本上先為硬碟設定一個大小，但實際上硬碟檔的大小是依據實際用量而不斷增長，最高即可增長到所設定的大小。這個作法的好處是可靈活運用系統的儲存空間，壞處就是硬碟使用時效能較差。當使用轉換時，會將此硬碟檔由「動態擴充」轉換成「固定大小」，也就是設定硬碟多大，就實際產生出同樣大小的硬碟檔，這種作法很佔系統使用的儲存空間，但好處是效能較高。

- 「擴充」：可再增加硬碟設定的大小，但當硬碟擴增後，在系統裡要延伸磁區，這樣才能將實際容量擴增。

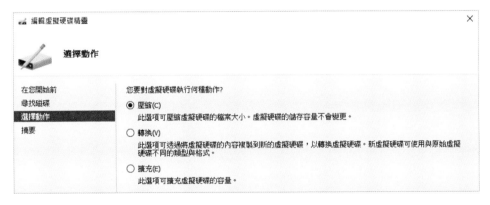

圖 2-41：編輯虛擬硬碟

關於網路介面卡的設定，可選擇使用的虛擬交換器。如果系統環境有使用 VLAN ID，則將勾選「啟用虛擬 LAN 識別碼」，並在空格鍵入 VLAN ID 代碼，也可點選「移除」此網路卡。

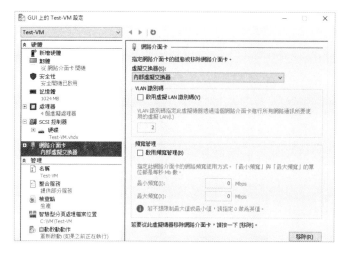

圖 2-42：設定網路介面卡

點選「網路介面卡」，開啟「進階功能」的設定，虛擬機網卡的「MAC 位址」可由系統自動產生，但例如有些 AP 會去確認系統網卡的 MAC，這時就要採用「靜態」MAC 的設定，讓虛擬機網卡的 MAC 不會隨機更改。受保護的網路一般預設都會勾選，這樣在建立叢集架構時才會具備容錯的功能。

圖 2-43：網路介面卡進階功能

如果虛擬機內會採用 NIC 小組作網卡的 Teaming，那在此要作 NIC 小組的網卡都要勾選「將此網路介面卡設定為客體作業系統中之小組的一部分」，否則建立 NIC 小組時會出現錯誤。裝置命名的部分，如果啟用此功能可搭配 System Center Virtual Machine Manager 更改網路介面卡的名稱，並套用到系統內。

圖 2-44：網路介面卡進階功能

也可再新增硬體「SCSI 控制器」、「網路介面卡」、「光纖通道介面卡」，如果實體主機上有安裝具有 GPU 的顯示卡，也可新增「3D 視訊卡」。

圖 2-45：新增虛擬機硬體

一旦系統採用了虛擬化，將會發現虛擬化後的操作彈性很大，對系統維運來說是非常的方便，我們可以隨時建立一個「檢查點」，將虛擬機所有的狀態凍結在此時刻。

舉例來說，當我們要安裝一個新的應用程式，但不確定安裝後是否會影響現有系統的正常運作，那麼在安裝前便可先建立一個檢查點，然後再安裝此應用程式。假使安裝後造成系統運作障礙，此時便可套用「檢查點」，讓系統回復至還沒安裝應用程式時的狀態，有點類似一般系統備份的功能。使用滑鼠右鍵點選要建立檢查點的虛擬機，點選「檢查點」。

圖 2-46：檢查點

檢查點建立完成後，在「檢查點」即可看到 Test VM 在何日、何時建了一個
檢查點，而下面是「現在」，也就是目前虛擬機的狀態。

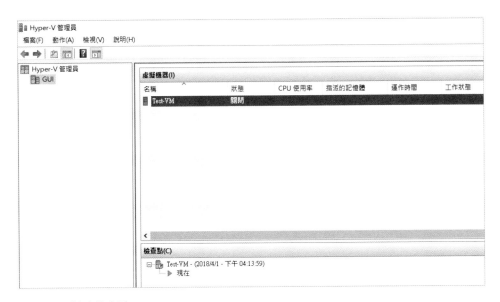

圖 2-47：新建檢查點

如果要將虛擬機回復至建立檢查點的狀態時，用滑鼠右鍵點選「檢查點」，
點選「套用」。

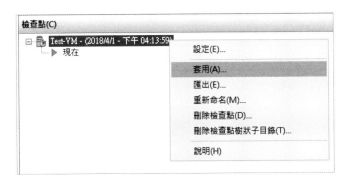

圖 2-48：套用檢查點

點選「套用」，虛擬機即回到之前建立檢查點時的狀態。

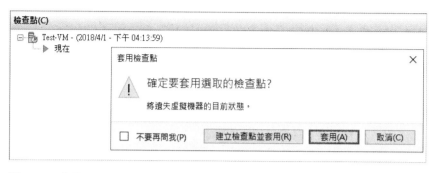

圖 2-49：套用

也可建立多個檢查點。以滑鼠右鍵點選要建立檢查點的虛擬機，點選「連線」。

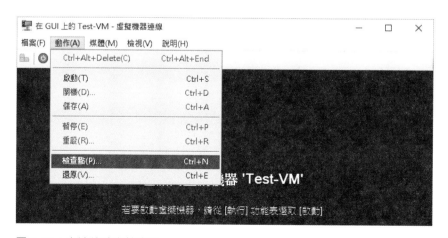

圖 2-50：連線

開啟虛擬機連線，點選上方「動作」後，點選「檢查點」。

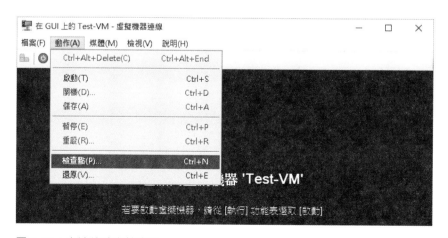

圖 2-51：由連線建立檢查點

鍵入要建立的檢查點名稱，完成後點選「是」。

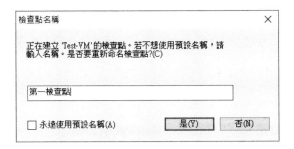

圖 2-52：鍵入檢查點名稱

如此便可建立多個檢查點，但是要注意的是：檢查點建立得愈多，對系統運作效能的影響愈大。

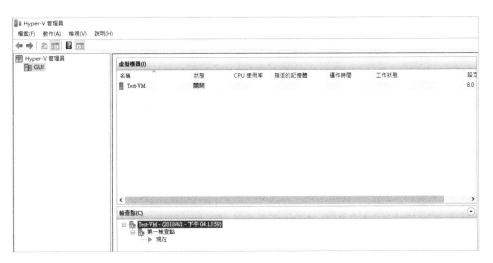

圖 2-53：建立多個檢查點

還有一個類似於異地備份的功能，就是虛擬機的匯入與匯出，使用滑鼠右鍵點選要匯出的虛擬機，點選「匯出」。

圖 2-54：匯出虛擬機

跳出「匯出虛擬機器」視窗，在「指定想要儲存檔案的位置」中的「位置」鍵入要存放的路徑，點選「匯出」，即將此虛擬機匯出了。

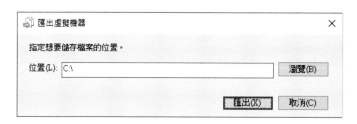

圖 2-55：虛擬機匯出

這會將虛擬機整個目錄都匯出。

圖 **2-56**：匯出的虛擬機目錄

現在我們要刪除 Hyper-V 管理員上的 Test-VM 虛擬機。以滑鼠右鍵點選要刪除的虛擬機，點選「刪除」。

圖 **2-57**：刪除 Hyper-V 管理員上的虛擬機

跳出提示視窗確認刪除，
點選「刪除」。

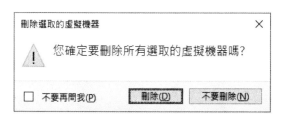

圖 **2-58**：確認刪除虛擬機

我們已經將 Test-VM 虛擬機刪除了，現在要將它匯入 Hyper-V 管理員。點選右上方的「匯入虛擬機」。

圖 **2-59**：匯入虛擬機

進入「匯入虛擬機器」頁面，啟動「匯入虛擬機器」精靈，點選「下一步」。

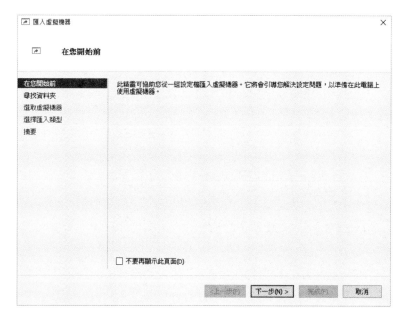

圖 **2-60**：開啟匯入虛擬機器精靈

進入「尋找資料夾」頁面，在「資料夾」中點選「瀏覽」，搜尋到要匯入虛擬機的資料夾，點選「下一步」。

圖 **2-61**：尋找資料夾

進入「選取虛擬機器」頁面，確認在選取要匯入的虛擬機器中是否為要匯入的虛擬機後，點選「下一步」。

圖 **2-62**：選取虛擬機器

進入「選擇匯入類型」頁面，在此有三種匯入類型的方式，第一種「就地登錄虛擬機器（使用現有的唯一識別碼）」就是虛擬主機檔案現有路徑直接匯入，且使用相同的識別碼。

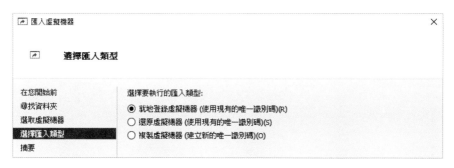

圖 **2-63**：就地登錄虛擬機器

第二種「還原虛擬機器（使用現有的唯一識別碼）」，點選「下一步」，勾選「將虛擬機器儲存在不同位置」即可設定虛擬機器設定資料夾、檢查點存放區、智慧型分頁處理資料夾鍵入其存放路徑。此選項可指定虛擬機器相關檔案存放路徑，會將資料複製到指定的存放目錄，匯入時間會比較長，此種方式也是使用現有匯出檔案的唯一識別碼。

圖 **2-64**：還原虛擬機器

第三種為「複製虛擬機器（建立新的唯一識別碼）」，此選項也是利用複製的方式選擇不同存放路徑，但是會產生不同的唯一識別碼。此範例我們採用「就地登錄虛擬機器（使用現有的唯一識別碼）」，點選「下一步」。

圖 2-65：複製虛擬機器

進入「正在完成匯入精靈」頁面，確認資訊後點選「完成」。

圖 2-66：正在完成匯入精靈

如此就將 Test-VM 虛擬機匯入完成了，當然也可以依此方式將 Hyper-V 管理員上的虛擬機匯到其他 Hyper-V 管理員上。

圖 **2-67**：匯入完成

如果我們建置的虛擬機中也要執行 Hyper-V 的功能，便要啟用 Hyper-V 巢狀虛擬化的功能，必須先在 Host 上核准虛擬機啟用 Hyper-V 的功能。在 Host 主機上進入系統管理員的 PowerShell 指令介面，使用 PowerShell 指令 Set-VMProcessor -VMName XXXX -ExposeVirtualizationExtensions $true，Get-VMNetworkAdapter -VMName XXXX | Set-VMNetworkAdapter -MacAddressSpoofing On 啟用 VM 虛擬化的功能，其中 XXXX 為虛擬機的名稱。如此在這個虛擬機上也可以執行 Hyper-V 了。

Windows Server 2016 的 Hyper-V 安裝與基本的設定操作就介紹到此，以下開始將進入 Hyper-V 實際應用的範例。

Hyper-V 無共用即時移轉

本章要進入 Hyper-V 的應用,首先介紹無共用即時移轉,當我們的環境中都是獨立的機器在執行 Hyper-V,而需要時,可以將某台 Hyper-V 上的虛擬機,立即遷移到另一台 Hyper-V 上。

日常的運作有時會有這樣的需求。例如,某台執行 Hyper-V 的主機因為作了系統安全更新而需要重新啟動,但其上執行的虛擬機服務卻不可中斷,這時,就可以使用 Hyper-V 無共用即時移轉,將其上的虛擬機先移轉至其他的主機執行,待這台重新啟動後,再將其虛擬機遷移回來。

要實作 Hyper-V 無共用即時移轉的環境,需要 1 台 Doman Controller、2 台 Nano Server 與 1 台 GUI 的遠端操作 Server。其中 2 台 Nano Server 都要加入網域並各加掛一 500G 的 D 槽,並在 Nano-1 的 D 槽上啟用 1 台 Nano Server 的虛擬機,如下示意的架構圖。

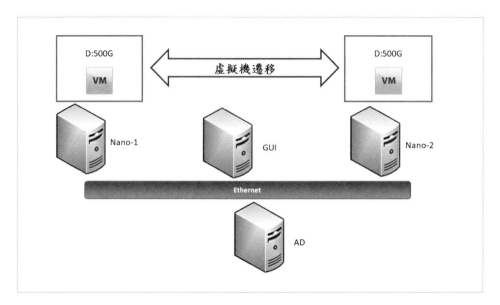

圖 **3-1**：無共用移轉示意架構圖

3·1 實作環境建置

延續第 1 章中建立的 Server 來使用，因為 AD 我們是採用 Server Core 建置的，需要能在 GUI 圖形介面這台 Server 上操作與設定 AD，所以要在 GUI 上安裝 AD 工具。開啟 GUI 上的伺服器管理員，點選「儀表板」，點選「新增角色及功能」。

圖 **3-2**：在伺服器管理員上新增角色及功能

開啟「新增角色及功能精靈」，點選「下一步」。

圖 **3-3**：新增角色及功能精靈

進入「選取安裝類型」頁面，點選「角色型或功能型安裝」，點選「下一步」。

圖 **3-4**：選取安裝類型

進入「選取目的地伺服器」頁面，點選「從伺服器集區選取伺服器」，在伺服器集區中點選要安裝的伺服器後，點選「下一步」。

圖 3-5：選取目的地伺服器

進入「選取伺服器角色」頁面，勾選「Active Directory 網域服務」。

圖 3-6：選取伺服器角色

開啟「新增 Active Directory 網域服務所需的功能」視窗，勾選「包含管理工具（如適用）」，點選「新增功能」。

圖 **3-7**：新增 Active Directory 網域服務所需的功能

勾選「Active Directory 網域服務」，點選「下一步」。

圖 **3-8**：新增 Active Directory 網域服務

進入「選取功能」頁面，本步驟不作任何選擇，點選「下一步」。

圖 **3-9**：選取功能

進入「Active Directory 網域服務」頁面，出現提示資訊，點選「下一步」。

圖 **3-10**：Active Directory 網域服務

進入「確認安裝選項」頁面，勾選「必要時自動重新啟動目的地伺服器」。

圖 **3-11**：確認安裝選項

跳出重新啟動伺服器的提示視窗，點選「是」。

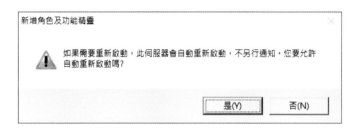

圖 **3-12**：確認伺服器重新啟動

勾選「必要時自動重新啟動目的地伺服器」，點選「安裝」。

圖 3-13：確認資訊準備安裝

進入「安裝進度」頁面，安裝進行中。

圖 3-14：正在安裝

安裝完畢，點選「關閉」。

圖 **3-15**：安裝完成

安裝完後，在伺服器管理員上方點選「工具」，即可看到 AD 的管理工具了。
點選「Active Directory 使用者和電腦」。

圖 **3-16**：工具

開啟 Active Directory 使用者和電腦後，可看到已經自動連線到 AD 伺服器了。在 lab.com 的網域內，「Computers」裡已經有 GUI，現在就可以在 GUI 上來設定跟管理 AD 網域了。

圖 **3-17**：Active Directory 使用者和電腦

依第 1 章介紹的方式，我們要將兩台 Nano Server 加入至 GUI 的「伺服器管理員」上再作進階的設定，如下圖加入了 Nano-1 與 Nano-2。

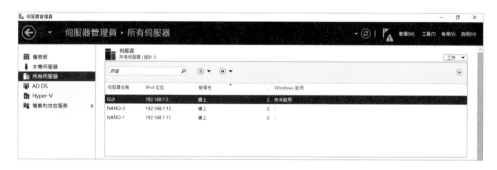

圖 **3-18**：伺服器管理員

在這兩台 Nano Server 上，我們已增加了一個 500G 的 HD，現在要將它上線啟用，並給予磁碟機代號。在伺服器管理員中點選「檔案和存放服務」。

圖 **3-19**：檔案和存放服務

點選「磁碟」，可看到在 Nano-1 與 Nano-2 上都各有一個 500G 的 HD，且顯示為離線。以滑鼠右鍵點選 Nano-1 的「離線磁碟」後，點選「上線」。

圖 **3-20**：磁碟上線

將跳出一個提示視窗，點選「是」。

圖 **3-21**：提示視窗

即可看到磁碟顯示成連線。以滑鼠右鍵點選「磁碟」後，點選「新增磁碟區」。

圖 **3-22**：新增磁碟區

開啟「新增磁碟精靈」，點選「下一步」。

圖 **3-23**：新增磁碟精靈

進入「選取伺服器和磁碟」頁面，在伺服器中點選要新增磁碟區的伺服器，
在磁碟中點選要新增磁區的磁碟後，點選「下一步」。

圖 **3-24**：選取伺服器和磁碟

出現提示視窗，磁碟將初始化為 GPT，點選「確定」。

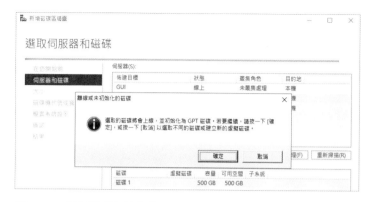

圖 3-25：提示磁碟初始化為 GPT

進入「指定磁碟區大小」頁面，在磁碟區大小中鍵入容量，單位可以選擇「MB」、「GB」、「TB」，完成後點選「下一步」。

圖 3-26：指定磁碟區大小

進入「指派成磁碟機代號或資料夾」頁面，可以點選「磁碟機代號」選擇磁碟機代號，也可以指定成資料夾或都不作，完成後點選「下一步」。

圖 3-27：指派成磁碟機代號或資料夾

進入「選取檔案系統設定」頁面，可指定「檔案系統」、「配置單位大小」，
及給予「磁碟區標籤」。在磁碟區標籤中鍵入標籤，完成後點選「下一步」。

圖 **3-28**：選取檔案系統設定

進入「確認選取項目」頁面，確認資訊後點選「建立」。

圖 **3-29**：確認選取項目

建立完成，點選「關閉」。

圖 **3-30**：完成

Nano-2 依同樣的方式建立，建立完成後，點選「磁碟區」，即可看到
Nano-1 與 Nano-2 除了 C 槽外都多了一個 D 槽。

圖 **3-31**：磁碟區

D 槽建立好後，現在要在 Nano-1 上建立 1 台 Nano Server 的虛擬機，我們
先依第 1 章的方式建立一個名為 Nano 的 Nano Server 硬碟檔。使用檔案總
管鍵入 \\192.168.1.11\D$，在 Nano-1 的 D 槽裡建立一個 VM 的資料夾，
並將 Nano 的硬碟檔 Copy 進去。

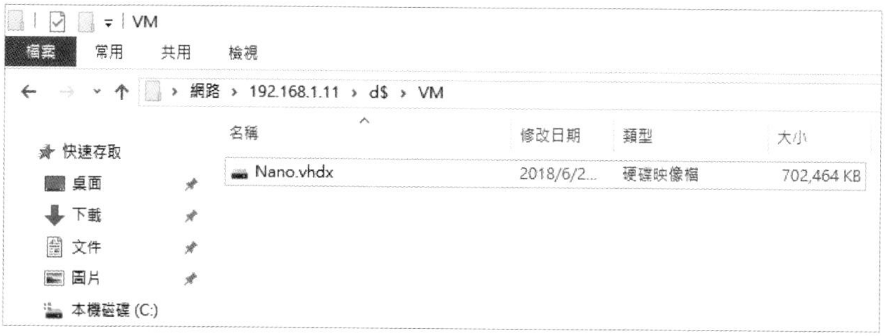

圖 **3-32**：由檔案總管進入 Nano-1

在 GUI 的伺服器管理員中點選「所有伺服器」，再以滑鼠右鍵點選「Nano-1」
伺服器，完成後點選「Hyper-V 管理員」。

圖 3-33：開啟 Hyper-V 管理員

開啟 Hyper-V 管理員後，點選右上方的「新增」後，點選「虛擬機器」。

圖 3-34：新增虛擬機

將 Nano 虛擬機儲存在新建的 D 槽 VM 的目錄裡。

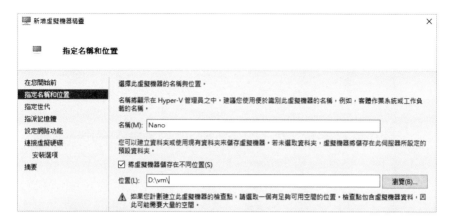

圖 3-35：指定虛擬機儲存的位置

其餘依第 2 章所介紹的方式建立好虛擬機。

圖 3-36：新建的虛擬機

使用檔案總管，在 Nano-1 的 D 槽中的 Nano 資料夾裡建立一個 Virtual Hard Disks 的資料夾，並將 Nano 硬碟檔移至此資料夾內。

圖 3-37：移動 Nano 硬碟檔

使用滑鼠右鍵點選「Nano」虛擬機，點選「設定」。

圖 **3-38**：設定虛擬機

在硬體中點選「SCSI Controller」，在 SCSI 控制器中點選「硬碟」，點選「新增」。

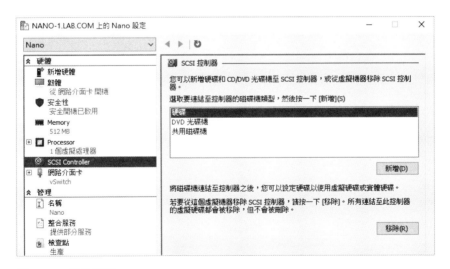

圖 **3-39**：新增硬碟

點選「瀏覽」，選到 Nano 的硬碟檔，並設定 Memory、Processor，完成後點選「套用」。

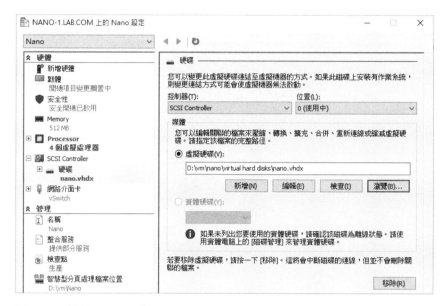

圖 **3-40**：新增 Nano 硬碟

在硬體點選「韌體」，在開機順序中點選「硬碟」，點選「上移」，將其移至最上方。

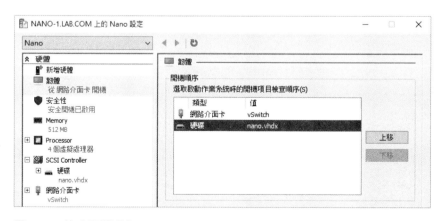

圖 **3-41**：修改開機順序

點選「確定」，完成虛擬機設定。

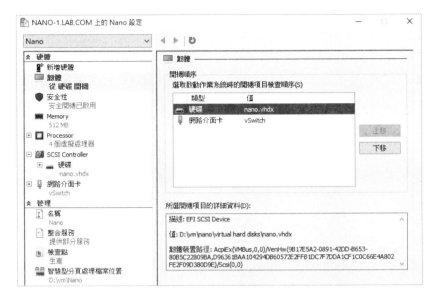

圖 **3-42**：完成虛擬機設定

新建與設定完虛擬機後，接下來我們就要針對 Hyper-V 無共用即使移轉這
部分來作前置的設定。首先針對 Nano-1 與 Nano-2 的 Hyper-V 作設定，在
GUI 上的伺服器管理員中點選「所有伺服器」，以滑鼠右鍵點選「Nano-2」
伺服器，點選「Hyper-V 管理員」。

圖 **3-43**：開啟 Hyper-V 管理員

在左方點選 Nano-1，接著在右上方點選「Hyper-V 設定」。

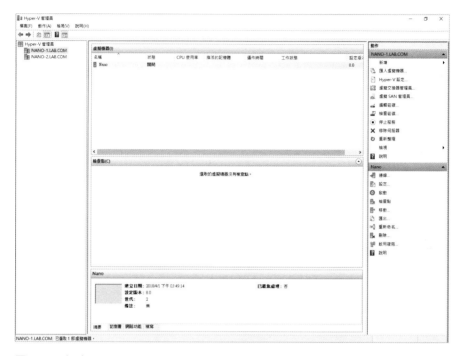

圖 3-44：設定 Hyper-V

在左方伺服器中點選「即時移轉」，於右方即時移轉中勾選「啟用連入與連出即時移轉」，因本範例中只有兩台節點，所以在並行即時移轉中鍵入 2。在連入即時移轉中點選「使用任何可用的網路來進行即時移轉」。

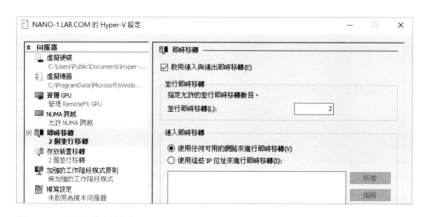

圖 3-45：即時移轉設定

在左方伺服器中點選「即時移轉」的「進階功能」，於右方驗證通訊協定中點選「使用 Kerberos」，效能選項中點選「壓縮」再點選「確定」。對 Nano-2 作一樣的設定。

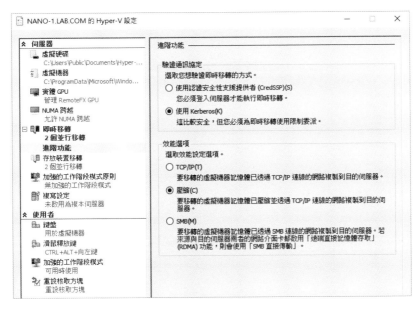

圖 **3-46**：即時移轉進階設定

兩台 Nano Server 上的 Hyper-V 設定好後，接下來要在 AD 上作設定。回到 GUI 的伺服器管理員上，點選右上方「工具」後，點選「Active Directory 使用者和電腦」。

圖 **3-47**：開啟 Active Directory 使用者和電腦

在左方點選「Computers」，在右方使用滑鼠右鍵點選「NANO-1」後，點選「內容」。

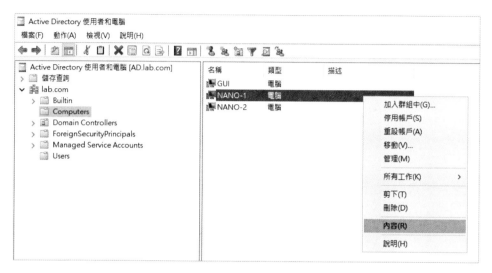

圖 **3-48**：對 Nano Server 作設定

點選上方的「委派」，再點選「信任這台電腦，但只委派指定的服務」，然後點選「使用任何驗證通訊協定」，最後點選「新增」。

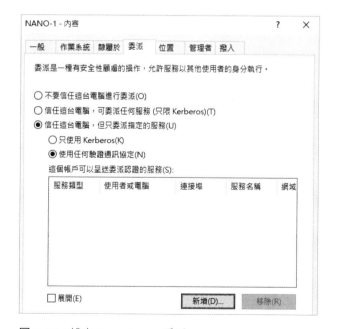

圖 **3-49**：設定 Nano Server 委派

點選「使用者或電腦」，
找到 Nano-2 後點選「確
定」。在可用服務中點選
「cifs」與「Microsoft
Virtual System Migration
Service」兩個服務，點
選「確定」。

圖 **3-50**：新增委派服務

確定在 Nano-1 上委派
對 Nano-2 具有「cifs」
與「Microsoft Virtual
System Migration
Service」兩個服務，點
選「確定」。

圖 **3-51**：確認委派服務

同樣在 Nano-2 上也要
委派對於 Nano-1 具有
「cifs」與「Microsoft
Virtual System
Migration Service」兩
個服務。

圖 **3-52**：在 Nano-2 上確認委派服務

以上的設定都是採用網域管理員的帳號在執行。不過，在實際環境中執行
時，應該要避免使用權限這麼高的帳號執行，所以，現在我們要建立一個名
為 Admin 的帳號，然後以此帳號來操作 Hyper-V 無共用即時移轉。

先在 lab.com 的網域中建立此帳號。在 GUI 的「伺服器管理員」中點選右上
方的「工具」，點選「Active Directory 使用者和電腦」。

圖 **3-53**：開啟 Active Directory 使用者和電腦

在左邊點選「Users」，然後點選上方工具列中一個使用者的圖示。

圖 **3-54**：新增使用者

鍵入使用者登入名稱，即登入的帳號名稱，再鍵入姓氏、名字等關於此帳號的資訊，點選「下一步」。

圖 **3-55**：鍵入帳號資訊

鍵入密碼，勾選「密碼永久有效」，點選「下一步」。

圖 **3-56**：鍵入帳號密碼

確認帳號資訊，點選「完成」。

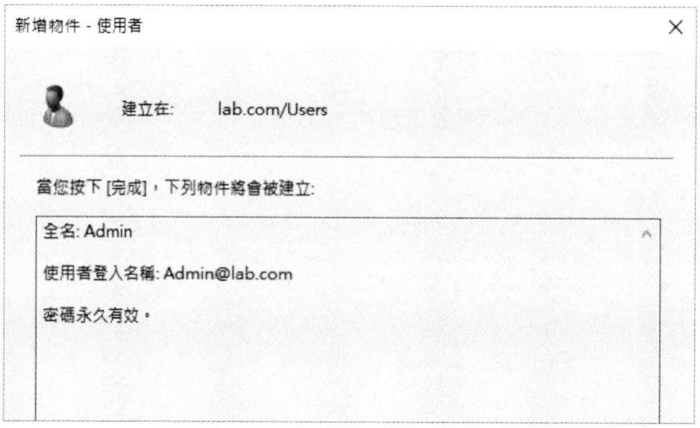

圖 **3-57**：確認帳號資訊

新增完帳號後，我們要將此帳號分別加入至 GUI、Nano-1 與 Nano-2 的 Administrator 群組內，這樣才可以使用此帳號來操作 Hyper-V 無共用即時移轉。在 GUI 的伺服器管理員中，點選「所有伺服器」，再以滑鼠右鍵點選「GUI」伺服器，點選「電腦管理」。

圖 3-58：開啟電腦管理

在電腦管理中點選「本機使用者和群組」，再點選「群組」，在右邊點選
「Administrator 群組」圖示。

圖 3-59：Administrator 群組

點選「新增」，以新增 Admin 網域帳號至 GUI 的 Administrator 組中。

圖 **3-60**：新增 Administrator 群組帳號

在「輸入物件名稱來選取」中鍵入 Admin，再點選「檢查名稱」來確認選取 Admin 帳號，點選「確定」。

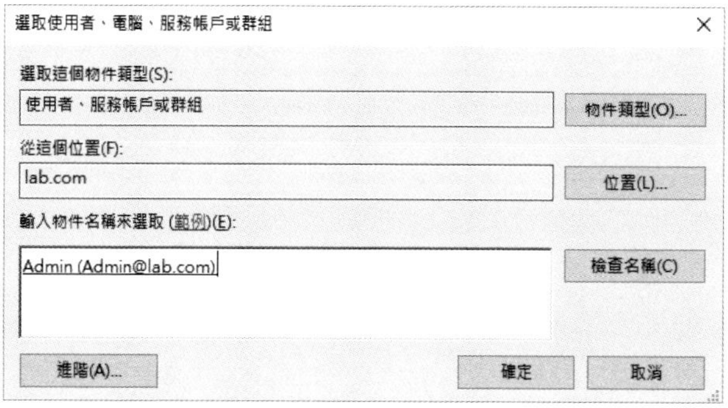

圖 **3-61**：鍵入 Admin 帳號

確認 Admin 帳號在清單內後，點選「確定」。這樣就完成了將 Admin 帳號加入 GUI 的 Administrator 群組內。

圖 **3-62**：確認在 Administrator 群組內新增 Admin 帳號

在電腦管理中以滑鼠右鍵點選「電腦管理」，再點選「連線到另一台電腦」。

圖 **3-63**：電腦管理連線到另一台電腦

點選「另一台電腦」，再點選「瀏覽」，鍵入 Nano-1 後點選「檢查名稱」來選擇 Nano-1，完成後點選「確定」。

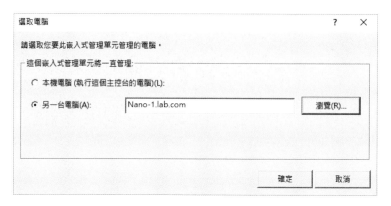

圖 3-64：連線到另一台指定的電腦

電腦管理連線到 Nano-1 後，依上述方式也將 Admin 帳號加入 Nano-1 的 Administrator 群組中，再依同樣方式將 Admin 帳號也加入 Nano-2 的 Administrator 群組中。

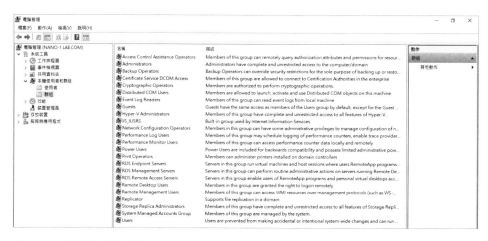

圖 3-65：電腦管理連線到 Nano-1

當 Admin 帳號分別加入了 GUI、Nano-1 與 Nano-2 的 Administrator 群組中後，我們登出 GUI，並以 Admin 帳號登入。因為它是網域帳號，所以前面要加上網域。

圖 **3-66**：使用 Admin 帳號登入

至目前已經將要實作 Hyper-V 無共用即時移轉的環境建置完成。

3·2 Hyper-V 無共用即時移轉實作

現在開始來實作 Hyper-V 無共用即時移轉。在 GUI 的伺服器管理員中點選「所有伺服器」，以滑鼠右鍵點選「NANO-1」伺服器，點選「Hyper-V 管理員」。

圖 **3-67**：開啟 Hyper-V 管理員

以滑鼠右鍵點選「Nano」虛擬機後，點選「啟動」，將 Nano 虛擬機開啟。

圖 **3-68**：開啟 Nano 虛擬機

當 Nano 虛擬機開啟後，再以滑鼠右鍵點選「Nano」虛擬機，點選「移動」。

圖 **3-69**：開始無共用即時移轉

開啟「移動 "Nano" 精靈」，點選「下一步」。

圖 **3-70**：開啟移動精靈

進入「選擇移動類型」頁面，點選「移動虛擬機器」，點選「下一步」。

圖 **3-71**：選擇移動類型

進入「指定目的電腦」頁面，在名稱使用「瀏覽」找到 Nano-2 後點選「確定」，然後點選「下一步」。

圖 **3-72**：指定目的電腦

進入「選擇移動選項」頁面，點選「將虛擬機器的資料移動到單一位置」，點選「下一步」。

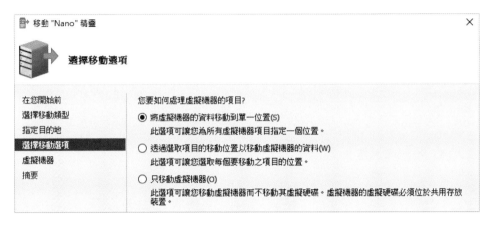

圖 **3-73**：選擇移動選項

進入「為虛擬機器選擇新位置」頁面，在資料夾中使用「瀏覽」找到 D:\ vm\nano\ 的位置點選「選擇資料夾」，點選「下一步」。

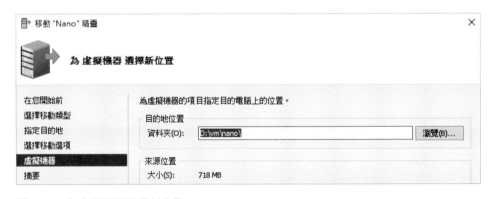

圖 **3-74**：為虛擬機器選擇新位置

進入「正在完成移動精靈」頁面，確認資訊後，點選「完成」。

圖 **3-75**：正在完成移動精靈

正在執行移動作業。

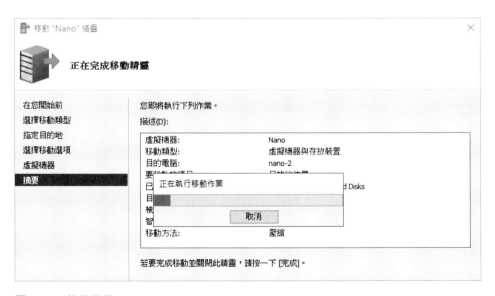

圖 **3-76**：執行移動

移動完成，便看到 Nano 虛擬機已經在 Nano-2 上執行了，所以即使我們的環境都是單機在執行 Hyper-V，還是可以將 A 台 Hyper-V 上的虛擬機採用無共用即時移轉的方式，將其上執行的虛擬機即時的移轉到 B 台 Hyper-V 上來執行。

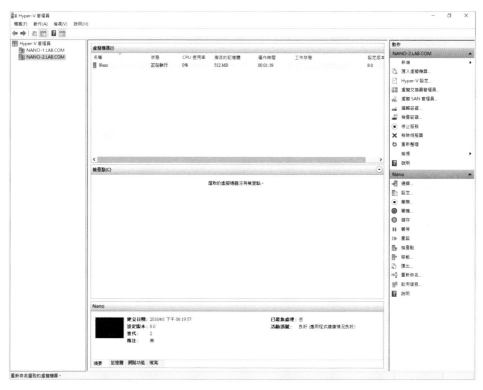

圖 **3-77**：移動完成

Hyper-V
檔案共用的
容錯移轉叢集

4

本章將介紹 Hyper-V 容錯移轉叢集（Hyper-V Cluster），上一章介紹過 Hyper-V 無共用即時移轉，這些 Hyper-V 都是執行在單獨實體主機上的環境。雖然目前硬體的技術發達，但也難保硬體不會出問題，如果今天我們的虛擬機都是在執行公司中最重要的系統，一旦系統主機硬體出問題，我們可以確認，這是管理系統人員最不想遇到的惡夢，因此，一般我們在設計系統時都會使用 HA（High Availability）的架構。

對 Hyper-V 的環境來說，HA 的架構就是建置所謂的叢集（Cluster）架構，將好幾台的實體主機建置為一個 Cluster，如此當其中一台主機故障或有計畫的停機時，執行在其上 Hyper-V 的虛擬機，將可自動或手動的轉移到其他正常運行的 Hyper-V 主機上，這就是所謂的叢集（Cluster）架構。要建置這樣的架構，最基本除了兩台實體主機外，還需要一個共用的儲存空間（如下示意圖），在一個大型的系統架構中，這個共用儲存通常會採用單獨的一座 Storage，可採用 SAN、NAS 與 iSCSI 的方式連線，在本章中我所要介紹的為較省成本的作法，在共用儲存的部分，我將介紹採用 Windows Server 新的存放空間（Storage Spaces）的功能來建置這 Storage，然後採用檔案共用（SMB）的方式，來提供叢集中的共用儲存。

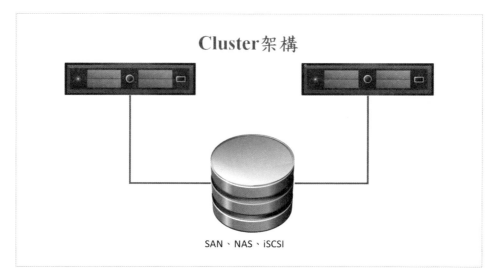

圖 4-1：Cluster 架構示意圖

4·1 存放空間（Storage Spaces）建置

本節將介紹採用 Windows Server 新提供的存放空間技術，存放空間中將使用到新的儲存層（Storage tiers）功能，也就是可以將一般傳統硬碟與 SSD 的硬碟混用，主要用傳統硬碟搭配高效能 SSD 硬碟組成 Storage Spaces，啟用 Storage tiers 功能提高 DiskI/O 效能。運作方式則是系統會自動判斷將經常存取的資料存放至 SSD，較不常存取的資料放在傳統硬碟上。

但在建置存放空間的 Storage 前有些前提需要讀者先清楚，在建立存放空間後的儲存集區，它是由系統採一組硬碟（HD）所組成，而為了要能做到資料保護，所以系統本身要能做到這個功能，因此系統可提供兩種選擇：

■ 雙向鏡像（2-Way Mirror）：

雙向鏡像時至少需要「2 顆」實體硬碟，優點是具有資料可靠性，在每次進行資料寫入作業時，透過鏡像機制將資料複寫出第二份，其中雙向鏡像可允許實體硬碟損壞 1 顆。

- 三向鏡像（3-Way Mirror）：

  採用三向鏡像時至少需要「5顆」實體硬碟，透過鏡像機制將資料複寫出第三份複本，而三向鏡像則允許實體硬碟損壞2顆仍能正常運作。

這些要組成存放空間的硬碟，除了要是實體硬碟外，它們不可以接在Server的RAID卡上，這些硬碟都要能讓系統直接存取，所以要接在一般所謂的HBA卡上，或是RAID卡有HBA mode要轉成HBA模式才行，這樣系統才能直接存取硬碟，然後才能由系統來組成存放空間。

本範例中我們將使用Nano Server來建立存放空間的儲存設備（Storage），硬碟的配置我們採用5顆128GB的傳統HD，再加上3顆64GB的SSD HD來組成存放空間，所以建置起來的可用空間為(128*5+64*3)/3=277.3，大約277GB可用。

我們一樣使用Nano Server來作這台儲存設備，而本次建立的Nano Server只要選擇「Windows PowerShell Desired State Configuration」與「檔案伺服器角色與其他儲存元件」這兩項功能即可。

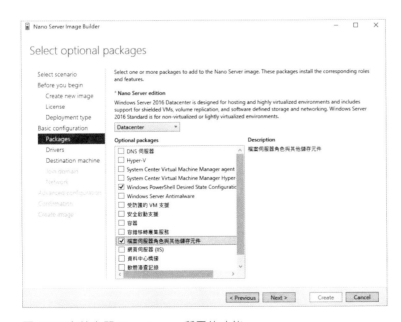

圖 4-2：存放空間 Nano Server 所需的功能

依前所述的方式，讓此 Nano Server 一樣受 GUI 伺服器管理員的納管，要作為 Storage 的 Nano Server 取名為 Nano-Store。

圖 **4-3**：Nano-Store 受 GUI 伺服器管理員納管

我們要在 GUI Server 上安裝檔案伺服器的角色。

圖 **4-4**：在 GUI 上安裝檔案伺服器角色

點選「檔案和存放服務」，點選「磁碟」，可看到 Nano-Store 上掛有 3 顆 64GB 與 5 顆 128GB 的硬碟，並且是顯示離線的。

圖 4-5：確認 Nano-Store 所掛的硬碟

現在我們就要來建立存放空間了，點選「存放集區」，再點選右上方「工作」，點選「新增存放集區」。

圖 4-6：準備建立存放集區

開啟「新增存放集區精靈」，點選「下一步」。

圖 4-7：新增存放集區精靈

進入「指定存放集區和子系統」頁面，鍵入存放集區的名稱，並於選取您要
使用的可用磁碟群組（亦稱為原始集區）中，點選 Nano-Store 的原始集區
「Primordial」，完成後點選「下一步」。

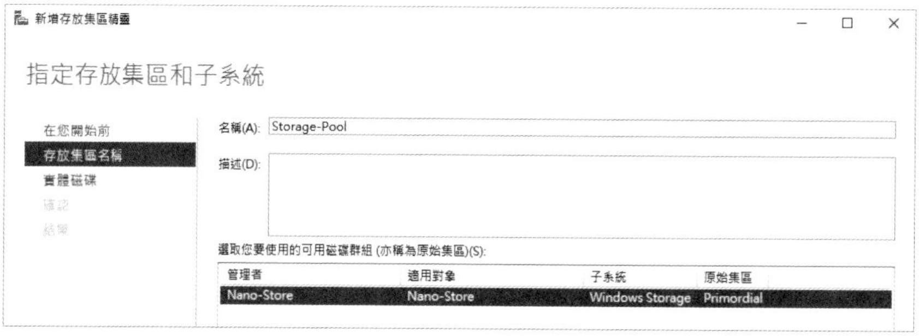

圖 4-8：指定存放集區和子系統

進入「指定要加到存放集區的實體磁碟」頁面，將要加入的硬碟勾選，在配置的部分有「自動」、「熱備援」、「手動」可選擇，熱備援是當有硬碟故障時，將會自動補上替換。我們都選擇「自動」，點選「下一步」。

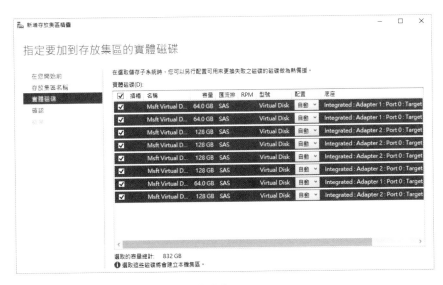

圖 **4-9**：指定要加到存放集區的實體磁碟

進入「確認選取項目」頁面，確認資訊無誤後，點選「建立」。

圖 **4-10**：確認選取項目

進入「檢視結果」頁面，建立完成，點選「關閉」。

圖 4-11：檢視結果

建立完成後，已可看到存放集區中，有一個剛建立好 826GB 的 Storage-Pool 儲存集區。

圖 4-12：儲存集區

以滑鼠右鍵點選「Storage-Pool」，點選「新增虛擬磁碟」。

圖 4-13：建立虛擬磁碟

開啟「選取儲存集區」視窗，點選「Storage-Pool」，點選「確定」。

圖 **4-14**：選取儲存集區

開啟「新虛擬磁碟精靈」，點選「下一步」。

圖 **4-15**：新增虛擬磁碟精靈

進入「指定虛擬磁碟名稱」頁面，鍵入虛擬磁碟名稱，並勾選「在此虛擬磁碟上建立儲存層」，完成後點選「下一步」。

圖 **4-16**：指定虛擬磁碟名稱

進入「指定機箱復原」頁面，本範例中我們並非使用 JBOD 的 Server，所以點選「下一步」。

圖 **4-17**：指定機箱復原

進入「選取儲存配置」頁面，有兩種配置可選擇：「Simple」相當於作 RAID 0，有比較好的效能但資料無容錯保護，一旦硬碟故障資料就損毀了；「Mirror」有容錯保護，硬碟故障只要更換，所有資料皆可保存。此處點選「Mirror」，完成後點選「下一步」。

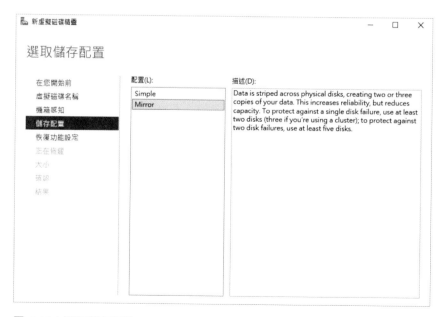

圖 **4-18**：選取儲存配置

進入「設定恢復功能設定」頁面，恢復類型，如同前述所介紹，有「雙向鏡像」與「三向鏡像」。此處點選「三向鏡像」，完成後點選「下一步」。

圖 **4-19**：設定恢復功能設定

進入「指定佈建類型」頁面，因為選擇 Mirror 與三向鏡像，所以我們只能選擇「固定式」，完成後點選「下一步」。

圖 **4-20**：指定佈建類型

進入「指定虛擬磁碟的大小」頁面，在此有較快層 SSD 與標準層一般傳統 HD，可指定各使用的大小。較快層指定 60GB，標準層指定 200GB，完成後點選「下一步」。

圖 **4-21**：指定虛擬磁碟的大小

進入「確認選取項目」頁面，確認資訊無誤後，點選「建立」。

圖 **4-22**：確認選取項目

進入「檢視結果」頁面，虛擬磁碟建立完成，勾選「當此精靈關閉時建立磁碟區」後，點選「關閉」。

圖 4-23：虛擬磁碟建立完成

在虛擬磁碟建立完成，點選「關閉」後，即開啟「新增磁碟區精靈」，點選「下一步」。

圖 4-24：新增磁碟區精靈

進入「選取伺服器和磁碟」頁面，點選「Nano-Store」，再點選「Storage」
虛擬磁碟後，點選「下一步」。

圖 **4-25**：選取伺服器和磁碟

進入「指定磁碟區大小」頁面，下面已說明，磁碟區的大小將與虛擬磁碟相
同，因為虛擬磁碟使用儲存層。點選「下一步」。

圖 **4-26**：指定磁碟區大小

進入「指派成磁碟機代號或資料夾」頁面，點選「磁碟機代號」，使用預設選擇「D」，點選「下一步」。

圖 **4-27**：指派成磁碟機代號或資料夾

進入「選取檔案系統設定」頁面，檔案系統採用預設的「NTFS」，在磁碟區標籤鍵入標籤名稱，點選「下一步」。

圖 **4-28**：選取檔案系統設定

進入「確認選取項目」頁面，確認資訊無誤後，點選「建立」。

圖 **4-29**：確認選取項目

磁區新增完成，點選「關閉」。

圖 **4-30**：磁區新增完成

在磁區建立完後，點選左邊「磁碟區」，即可見到 Nano-Store 下多了 D 槽可用空間 260GB 的磁區。存放空間在此建立完成，已將 Nano-Store 建立為一座可提供 260GB 的 Storage 了。

圖 **4-31**：Nano-Store 260GB D 槽

在上一節我們建立好了一個以 Nano Server 為基礎、採用 Windows 存放空間的 Storage，在本節要使用這個 Storage 作為 Hyper-V 叢集的共用空間，並且以檔案共用（SMB）的方式來建立一組容錯移轉叢集的 Hyper-V Cluster。

在環境的準備上，除了上節建立好的 Nano-Store 外，我們將使用前章節建立的 Nano-1 與 Nano-2 來作為叢集的兩個節點。因為要建立一組叢集，最基本需要兩個節點及一個共用空間，且每個節點需要配置兩個網路，一個作為服務用，另一個要作為叢集本身偵測對方的 Heartbeat 用，且需在兩個節點都要配置至少兩個共用的空間，一個為共用儲存用，一個為叢集的仲裁磁碟用。

依前述的方式，我們在 GUI 上的伺服器管理員中可看到有 Nano-1、Nano-2 與 Nano-Store，其 IP 分別為 Nano-1：192.168.1.11 與 172.10.1.11，Nano-2：192.168.1.12 與 172.10.1.12，Nano-Store：192.168.1.8。其中 192.168.1.X 的網段為服務的網段，172.10.1.X 的網段為叢集 Heartbeat 的網段。

圖 **4-32**：GUI 伺服器管理員上所有伺服器

我們還需要在 Nano-Store 與 GUI 上安裝需要的角色及功能。在 GUI 的伺服器管理員上點選「儀表板」後，點選「新增角色及功能」。

圖 **4-33**：新增角色及功能

開啟「新增角色及功能精靈」，點選「下一步」。

圖 **4-34**：新增角色及功能精靈

進入「選取安裝類型」頁面，點選「角色型或功能型安裝」後點選「下一步」。

圖 **4-35**：選取安裝類型

進入「選取目的地伺服器」頁面，點選「從伺服器集區選取伺服器」後，再
點選「Nano-Store」伺服器，點選「下一步」。

圖 4-36：選取目的地伺服器

進入「選取伺服器角色」頁面，勾選「File and iSCSI Services」，再勾選「File
Server」及「Data Deduplication」，完成後點選「下一步」。

圖 4-37：選取伺服器角色

進入「選取功能」頁面，點選「Windows Standards-Based Storage Management」後，點選「下一步」。

圖 4-38：選取功能

進入「確認安裝選項」頁面，確認資訊無誤後，點選「安裝」。

圖 4-39：確認安裝選項

進入「安裝進度」頁面，功能安裝完成，點選「關閉」。

圖 **4-40**：功能安裝完成

依同樣步驟，在 GUI Server 上安裝「容錯移轉叢集」功能。

圖 **4-41**：在 GUI Server 上安裝容錯移轉叢集

接下來，開啟檔案總管，連至 \\192.168.1.8\d$，Nano-Store 的 D 槽。並建立兩個目錄，一個名為 VM，作為共用儲存；一個名為 Quorum，作為仲裁磁碟。

圖 4-42：在 Nano-Store 上建立共用的目錄

現在我們要開始建立檔案共用，在 GUI 的伺服器管理員上，點選「檔案和存放服務」，再點選「共用」，在共用右方點選「工作」後，點選「新增共用」。

圖 4-43：新增共用

開啟「新增共用精靈」，在檔案共用設定檔中點選「SMB 共用 - 應用程式」後，點選「下一步」。

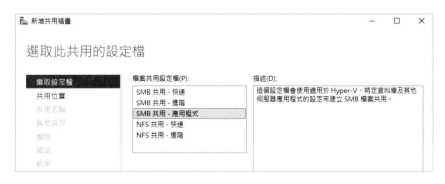

圖 4-44：選取此共用的設定檔

進入「選取此共用的伺服器和路徑」頁面，在伺服器中點選「Nano-Store」，在輸入自訂路徑中點選「瀏覽」，選擇之前建好的 VM 目錄，點選「下一步」。

圖 **4-45**：選取此共用的伺服器和路徑

進入「指定共用名稱」頁面，在此都使用預設，點選「下一步」。

圖 **4-46**：指定共用名稱

進入「設定共用設定」頁面，在此我們都不選擇，點選「下一步」。

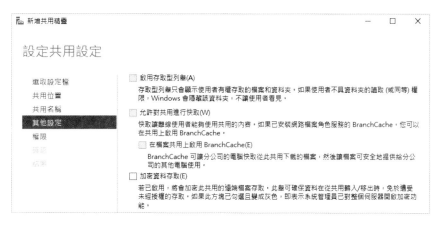

圖 4-47：設定共用設定

進入「設定權限以控制存取權」頁面，點選「自訂權限」。

圖 4-48：設定權限以控制存取權

開啟「vm 的進階安全性設定」視窗，點選左下方的「停用繼承」。

圖 **4-49**：VM 的進階安全性設定

跳出「禁止繼承」提示視窗，點選「將繼承的權限轉換成此物件中的明確權限」。

圖 **4-50**：禁止繼承

在權限頁面中，只留 SYSTEM 與 CREATOR OWNER，其餘的都刪除，完
成後點選「新增」。

圖 **4-51**：刪除權限

點選「選取一個主體」，在「請輸入物件名稱來選取」中鍵入 Domain Admins
後，點選「確定」。

圖 **4-52**：新增 Domain Admins

勾選「完全控制」，點選「確定」。

圖 **4-53**：給予 Domain Admins 權限

依同樣方式，也給予前章所建立的 Admin 帳號完全控制的權限。再點選「新增」，將 Nano-1 與 Nano-2 Server 加入，並給予完全控制權限。

圖 **4-54**：新增 Admin 帳號

點選「選取一個主體」，再點選右上方的「物件類型」，勾選「電腦」，然後點選「確定」。

圖 4-55：將電腦加入物件類型

將 Nano-1 與 Nano-2 都加入，並給予完全控制權限，完成後點選「共用」頁籤。

圖 4-56：加入 Server 權限

在「共用」頁籤刪除 Everyone 權限，並依上列方式增加 Domain Admins、
Admin、Nano-1 與 Nano-2，並給予「完全控制」權限，完成後點選「確定」。

圖 **4-57**：修改共用權限

開啟「新增共用精靈」，點選「下一步」。

圖 **4-58**：確定權限

進入「確認選取項目」頁面，確認資訊無誤後，點選「建立」。

圖 **4-59**：確認選取項目

進入「檢視結果」頁面，建立完成，點選「關閉」。

圖 **4-60**：建立完成

依同樣的步驟，再建立 Quorum 共用，建立完後可看到有 vm 與 quorum 兩個共用目錄了，到此檔案共用已設定完畢。

圖 4-61：VM 與 Quorum 共用目錄

在執行操作時，我們一樣不要使用網域帳號，因此我們依前述的方式，使用電腦管理將 Admin 的帳號加入到 Nano-Store 的 Administrator 群組裡。

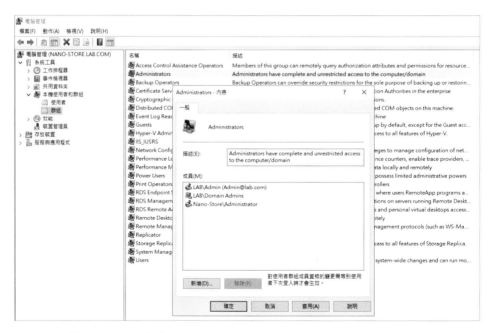

圖 4-62：增加 Admin 帳號到 Administrator 群組

現在我們就要開始建立 Hyper-V 的容錯移轉叢集了，在 GUI Server 的「開始」中點選「Windows 系統管理工具」，點選「容錯移轉叢集管理員」。

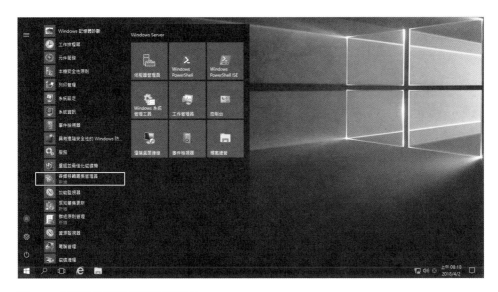

圖 4-63：開啟容錯移轉叢集管理員

開啟「容錯移轉叢集管理員」視窗，點選中間管理中的「驗證設定」。

圖 4-64：準備叢集的驗證設定

開啟「驗證設定精靈」，點選「下一步」。

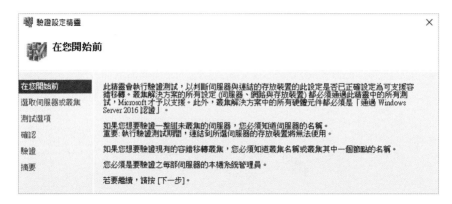

圖 4-65：驗證設定精靈

進入「選取伺服器或叢集」頁面，點選「瀏覽」，選擇要建立叢集的 Nano-1
與 Nano-2 兩個節點，將會自動加入選取的伺服器中，完成後點選「下一
步」。

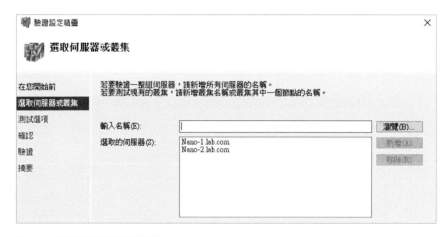

圖 4-66：選取伺服器或叢集

進入「測試選項」頁面，點選「執行所有測試（建議選項）」後點選「下一步」。

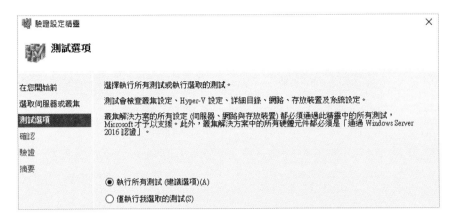

圖 **4-67**：測試選項

進入「確認」頁面，確認資訊，點選「下一步」。

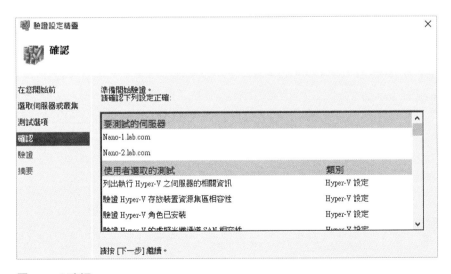

圖 **4-68**：確認

進入「驗證」頁面，正在進行驗證測試。

圖 **4-69**：驗證

進入「摘要」頁面，測試完成，視需要可點選「檢視報告」來看詳細的測試
報告。勾選「立即使用經過驗證的節點來建立叢集」後，點選「完成」。

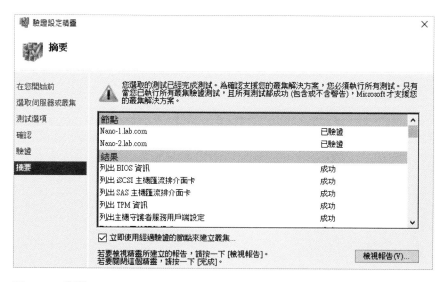

圖 **4-70**：摘要

在驗證完成後，將自動啟用「建立叢集精靈」，點選「下一步」。

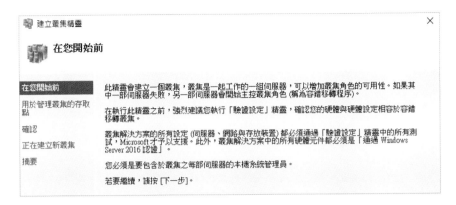

圖 **4-71**：建立叢集精靈

進入「用於管理叢集的存取點」頁面，在叢集名稱中鍵入叢集名稱，並給予叢集一個 Virtual IP（VIP）192.168.1.10，點選「下一步」。

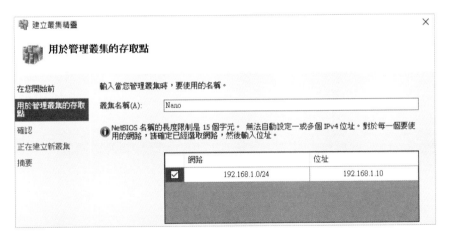

圖 **4-72**：用於管理叢集的存取點

進入「確認」頁面，確認建立叢集的資訊，點選「新增適合的儲存裝置到叢集」，點選「下一步」。

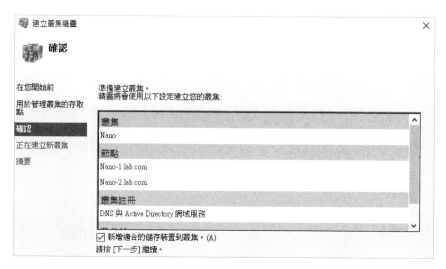

圖 **4-73**：確認

進入「正在建立新叢集」頁面，叢集建立中。

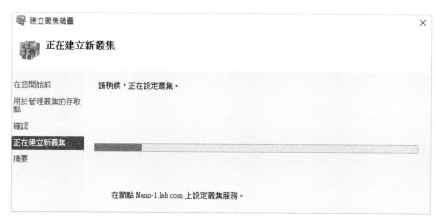

圖 **4-74**：正在建立新叢集

進入「摘要」頁面，叢集建立完成，視需要可點選「檢視報告」來查看建立
叢集的詳細報告，點選「完成」。

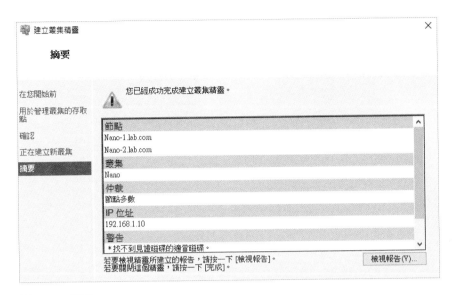

圖 4-75：摘要

可在容錯移轉叢集管理員中，看到 Nano 叢集及 Nano-1、Nano-2 兩個節點。

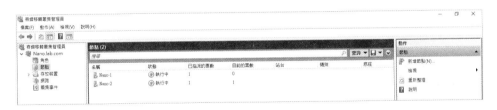

圖 4-76：Nano 叢集

建立好容錯移轉叢集後，接著要設定此叢集的仲裁磁碟。使用滑鼠右鍵點選
Nano 叢集，再點選「其他動作」，點選「設定叢集仲裁設定」。

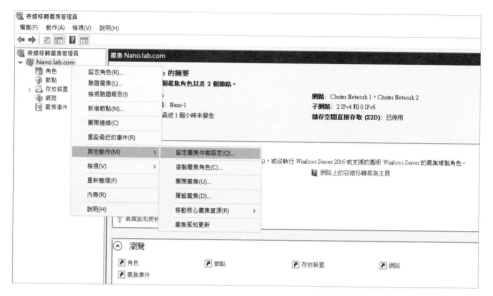

圖 **4-77**：設定叢集仲裁磁碟

開啟「設定叢集仲裁精靈」，點選「下一步」。

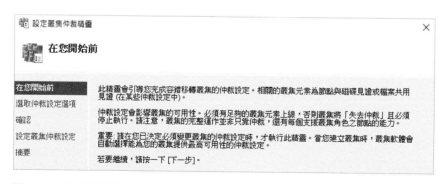

圖 **4-78**：設定叢集仲裁精靈

進入「選取仲裁設定選項」頁面，點選「選取仲裁見證」，點選「下一步」。

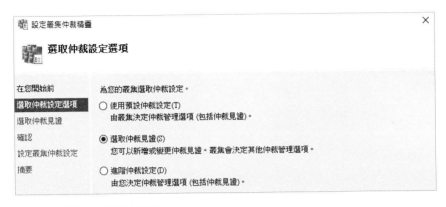

圖 4-79：選取仲裁設定選項

進入「選取仲裁見證」頁面，點選「設定檔案共用見證」後，點選「下一步」。

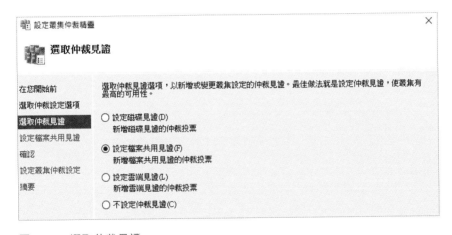

圖 4-80：選取仲裁見證

進入「設定檔案共用見證」頁面，在檔案共用路徑中點選「瀏覽」，選取 Nano-Store Server 中的 Quorum 目錄後，點選「下一步」。

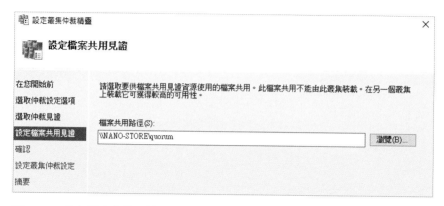

圖 **4-81**：設定檔案共用見證

進入「確認」頁面，確認設定資訊，點選「下一步」。

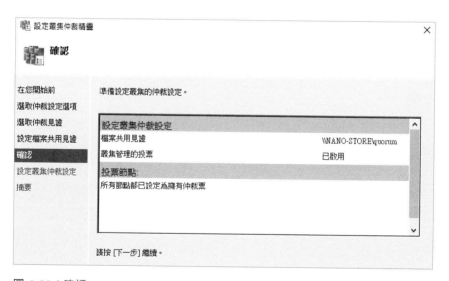

圖 **4-82**：確認

進入「摘要」頁面，叢集仲裁磁碟設定完成，點選「完成」。

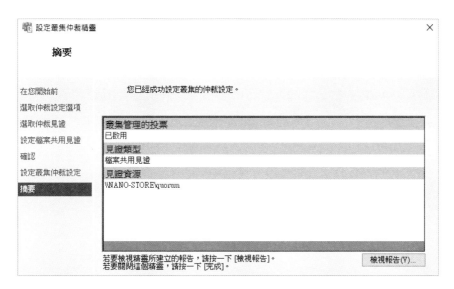

圖 4-83：摘要

叢集建立好後，要將 SMB 協定委派給 Nano-1 與 Nano-2 對 Nano-Store，這樣整個 Hyper-V 檔案共用容錯移轉叢集才算設定完成。開啟 GUI 上的伺服器管理員，點選右上方「工具」，點選「Active Directory 使用者和電腦」。

圖 4-84：開啟 Active Directory 使用者和電腦

在左方點選「Computers」，右方以滑鼠右鍵點選「Nano」叢集後，點選「內容」。

圖 **4-85**：對 Nano 叢集進行委派

上方點選「委派」，再
點選「信任這台電腦，
但只委派指定的服務」
後，點選「使用任何驗
證通訊協定」，最後點選
「新增」。

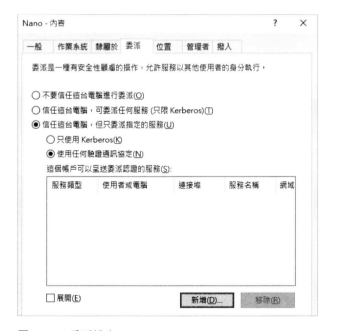

圖 **4-86**：委派設定

點選「使用者或電腦」
找 到 Nano-Store，再
點選「cifs」即 SMB 協
定，點選「確定」。

圖 **4-87**：委派 CIFS

在 Nano 叢集上設定對
Nano-Store 委 派 CIFS
服務，點選「確定」。

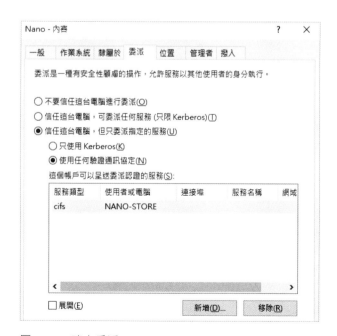

圖 **4-88**：確定委派

依同樣方式在 Nano-1 與 Nano-2 對 Nano-Store 委 派 CIFS 服務，在 Nano-Store 上 對 Nano、Nano-1 與 Nano-2 委 派 CIFS 服務。委派完後，分別 將 Nano-1、Nano-2 與 Nano-Store 重新啟動。

圖 **4-89**：委派 CIFS 服務

我們先使用 Admin 的帳號來登入 GUI 操作。

圖 **4-90**：使用 Admin 網域帳號登入

登入後一樣開啟容錯移
轉叢集管理員，以滑鼠
右鍵點選「角色」，再
點選「虛擬機器」，點
選「新增虛擬機器」。

圖 **4-91**：在容錯移轉叢集管理員中建立虛擬機

點選「Nano-1」節點後
點選「確定」。

圖 **4-92**：選擇節點

開啟「新增虛擬機器精靈」，點選「下一步」。

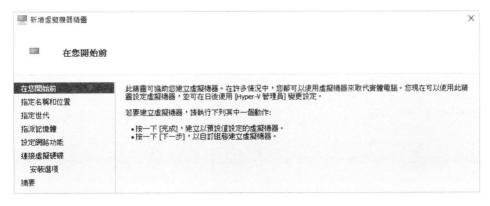

圖 **4-93**：新增虛擬機器精靈

進入「指定名稱和位置」頁面，在名稱中鍵入虛擬機的名稱，勾選「將虛擬機器儲存在不同位置」，在位置中鍵入 \\Nano-Store\vm\，為我們檔案共用的路徑，點選「下一步」。

圖 **4-94**：指定名稱和位置

進入「指定世代」頁面，選擇「第 2 代」的虛擬機，點選「下一步」。

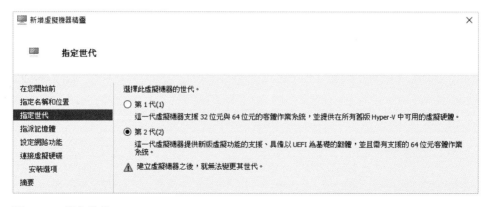

圖 **4-95**：指定世代

進入「指派記憶體」頁面，在啟動記憶體中鍵入指派的記憶體大小，這裡採用 MB 為單位，點選「下一步」。

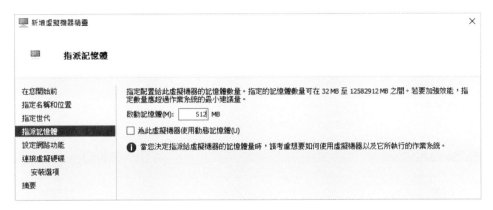

圖 4-96：指派記憶體

進入「設定網路功能」頁面，在連線中選擇虛擬交換器，點選「下一步」。

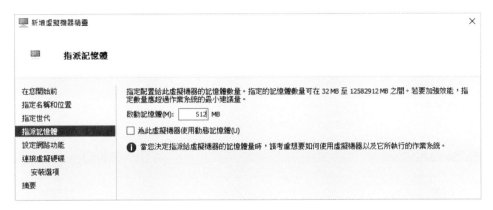

圖 4-97：設定網路功能

進入「連接虛擬硬碟」頁面，在此點選「稍後連結虛擬硬碟」，點選「下一步」。

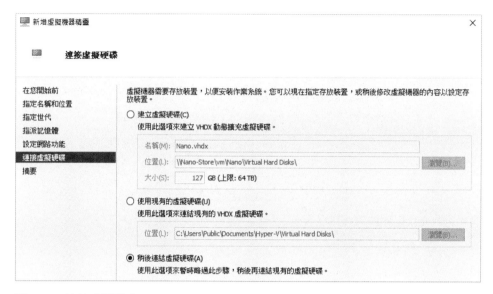

圖 **4-98**：連接虛擬硬碟

進入「完成新增虛擬機器精靈」頁面，確認資訊後點選「完成」。

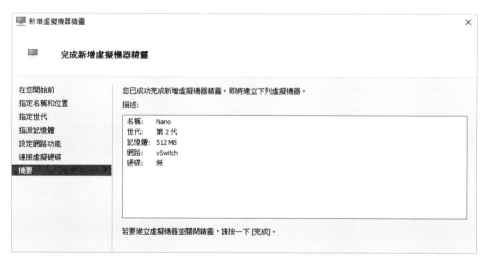

圖 **4-99**：完成新增虛擬機器精靈

完成虛擬機建立，並且設定為高可用性，點選「完成」。

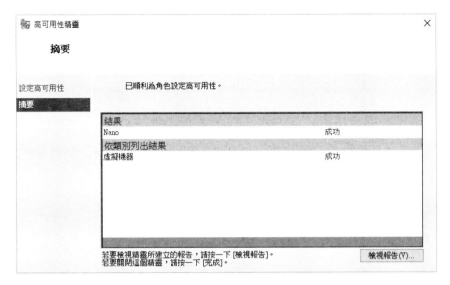

圖 **4-100**：完成虛擬機建立

開啟檔案總管，至 \\192.168.1.8\d$\VM\Nano\ 中建立 Virtual Hard Disks
目錄，並將之前建立的 Nano.vhdx 硬碟檔 Copy 過來。

圖 **4-101**：Copy Nano 硬碟檔

回到容錯移轉叢集管理員中，以滑鼠右鍵點選 Nano 虛擬機，點選「設定」。

圖 4-102：設定 Nano 虛擬機

設定好「Processor」的「虛擬處理器數目」，再點選「SCSI Controller」，
點選右方「硬碟」後點選「新增」。

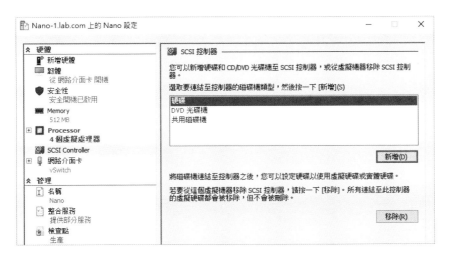

圖 **4-103**：設定虛擬機 SCSI Controller

點選「虛擬硬碟」，鍵入 Nano.vhdx 所在的路徑後，點選「套用」。

圖 **4-104**：指定硬碟檔的路徑

在左方點選「韌體」，在右方點選「上移」將 Nano.vhdx 硬碟移至最上方，
點選「確定」。

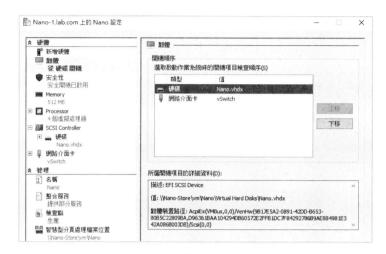

圖 **4-105**：選擇 Nano.vhdx 硬碟檔開機

在建立與設定好 Nano 虛擬機後，以滑鼠右鍵點選 Nano 虛擬機，點選「啟
動」，將虛擬機開機。

圖 **4-106**：啟動 Nano 虛擬機

Nano 虛擬機啟動後，現在我們就來實作叢集移轉，我們可看到 Nano 虛擬機目前的擁有者節點是 Nano-1。以滑鼠右鍵點選 Nano 虛擬機，再點選「移動」，然後點選「即時移轉」，最後點選「選取節點」。

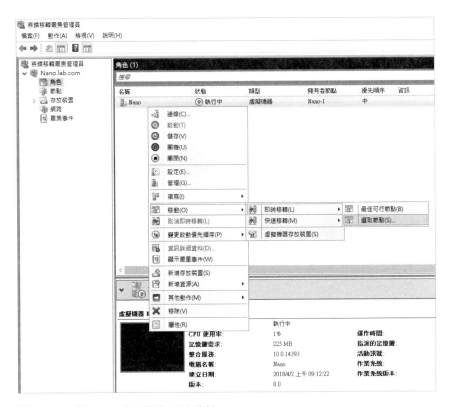

圖 **4-107**：對 Nano 虛擬機作即時移轉

開啟「移動虛擬機器」視窗，因我們只有兩個節點，而 Nano 是執行在 Nano-1 上，所以這裡我們只有「Nano-2」節點可以選，點選「確定」。

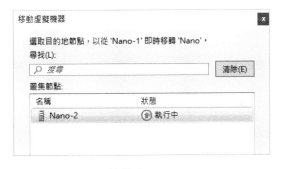

圖 **4-108**：選取目的節點

可看到 Nano 虛擬機正在進行移轉，採用即時移轉時，虛擬機是不會關機的，在執行的狀況下直接移轉至其他節點。如果是選用快速移轉時，虛擬機將會先關機，待移轉至其他節點後再開機。

通常，我們都會採用即時移轉，只有在遇到即時移轉發生問題、無法移轉成功時，才會使用快速移轉，快速移轉通常都會移轉成功。

圖 4-109：虛擬機正進行移轉

待移轉完成後，將可看到目前擁有者節點已經換成 Nano-2 了。

圖 4-110：Nano 虛擬機改為 Nano-2 擁有

此時如果將 Nano-2 直接關機。

圖 4-111：將 Nano-2 關機

可看到 Nano 即時移轉到 Nano-1 上來執行了。

圖 **4-112**：Nano 虛擬機回到 Nano-1 上執行

建立 Hyper-V 容錯移轉叢集的最大目的就是，防止系統不因單點的故障而導致系統停止運作。現今科技即使再發達，也無法避免 Server 硬體機件的故障，一旦發生 Server 硬體機件故障的情況，只要建立了 Hyper-V 的容錯移轉叢集，即可確保虛擬機上執行的服務不會停止中斷。

Hyper-V
容錯移轉叢集

如圖 5-1 所示，在一般大型系統的架構中，建立 Hyper-V 容錯移轉叢集時會採用儲存區域網路（SAN）的架構來作共用儲存。

所謂 SAN（Storage Area Network）架構即儲存設備所構成的區域網路，它是一種服務架構，包含了如光纖、HBA 卡、光纖交換機、伺服器、磁碟陣列等與管理軟體。

SAN 採取的是 Client/Server 架構，其中提供儲存能力的一端稱之為 Target（SAN Storage），而要求資源的一端稱為 Initator（Server）。Target 與 Initator 之間，透過高速的網路連結，通常是光纖，而提供連接的介面我們稱之為 HBA（Host Bus Adapter）。建構網路的方式則是光纖交換器（SAN Switch），而 SAN Storage 與 SAN Switch 隨著不同的品牌有不同的設定方式，但架構都是一樣的。在 Server 上安裝好 HBA 光纖卡後，使用光纖與 SAN Switch 及 SAN Storage 連接，在 SAN Switch 上設定 Zone，讓 Server 與 Storage 能相通，再由 Storage 上切 Lun 區塊，Present 給 Server 使用。

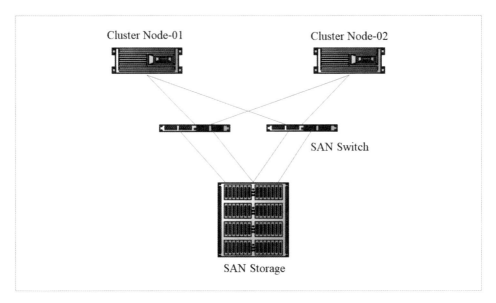

圖 5-1：SAN Storage Cluster 架構

而筆者是實驗的環境，所以並沒有 SAN 的架構來實作，因此介紹採用 iSCSI（Internet Small Computer System Interface）的連接方式，其與 SAN 最大不同是採用的協定不同。iSCSI 是走 TCP/IP，所以在 SAN Storage 的部分就由 Windows Server 來取代，SAN Switch 的部分則由一般網路的交換器來取代。也就是一樣是一個專屬的儲存區域網路，只因協定的不同，iSCSI 是採用 TCP/IP 來連接，所以基本上架構是一樣的，只是連接的介面不同，相對的 iSCSI 是一種較省成本的儲存區域網路架構。

Nano Server 雖然支援 iSCSI 的 Initator 端，但不支援 iSCSI 的 Target 端，所以在 Storage 的部分要採用 Server Core 來建置。一樣使用存放空間的功能來建置 Storage，然後採用 iSCSI 的方式來跟前端 Nano Server 連接，以建立一個 Hyper-V 容錯移轉叢集。

5·1 iSCSI 的共用儲存建置

因為本實作範例 iSCSI 是採用 TCP/IP 來連接，所以此範例中，前端的 Nano Server 節點如果 Service 網卡是採用 Teaming 的話，那每台主機至少要配備 5 張網卡，兩張 Teaming 作為 Service 用，1 張網卡作為叢集 Heartbeat 用，另兩張作為 iSCSI 的連接用。因為一樣要有 HA 的容錯機制，所以需要用兩張網卡連接 iSCSI，而作為 Storage 的部分則至少要 3 張網卡，1 張作為 Service 用，兩張作為 iSCSI 連接用。

我們在 GUI 的伺服器管理員中可看到，Nano-1 IP 有 192.168.1.11 此為 Service 用，172.10.10.11 此為叢集 Heartbeat 用，172.10.5.11 與 172.10.6.11 此為 iSCSI 連接用；Nano-2 IP 有 192.168.1.12 此為 Service 用，172.10.10.12 此為叢集 Heartbeat 用，172.10.5.12 與 172.10.6.12 此為 iSCSI 連接用；Core-Store IP 有 192.168.1.8 此為 Service 用，172.10.5.1 與 172.10.6.1 此為 iSCSI 連接用。

圖 **5-2**：Server 各分配的 IP

在 GUI 的伺服器管理員中點選「檔案和存放服務」後，點選「磁碟」可看到在 Core-Store 上有 8 個離線的磁碟，128G X 5 個，64G X 3 個，依前章所述的方式來建立一個存放空間。

圖 5-3：Core-Store 上 8 個離線硬碟

依前章所述的方式在 Core-Store 上建立一個存放空間具儲存層 260G 的 D 槽。

圖 5-4：建立存放空間

在開始建立 iSCSI 的儲存前，我們要先安裝 iSCSI 的角色與功能。在 GUI 的伺服器管理員中點選「儀表板」，再點選「新增角色及功能」，開啟「新增角色及功能精靈」，在伺服器集區中點選「Core-Store」伺服器。

圖 5-5：在 Core-Store 上新增角色及功能

進入「選取伺服器角色」頁面，勾選「檔案和存放服務」中「檔案和 iSCSI 服務」裡的「檔案伺服器」、「iSCSI 目標存放提供者（VDS 和 VSS 硬體提供者）」與「iSCSI 目標伺服器」。

圖 5-6：選取伺服器角色

安裝好 iSCSI 的角色功能後，接下來要建立 iSCSI 的儲存空間。在 GUI 的伺服器管理員中，點選「檔案和存放服務」，再點選「iSCSI」，在右上方點選「工作」下拉選單，點選「新增 iSCSI 虛擬磁碟」。

圖 **5-7**：建立 iSCSI 虛擬磁碟

進入「選取 iSCSI 虛擬磁碟位置」頁面，在伺服器中點選「Core-Store」，在存放位置中點選「D」槽後點選「下一步」。

圖 **5-8**：選取 iSCSI 虛擬磁碟位置

進入「指定 iSCSI 虛擬磁碟名稱」頁面，在名稱中鍵入虛擬磁碟名稱，點選
「下一步」。

圖 **5-9**：指定 iSCSI 虛擬磁碟名稱

進入「指定 iSCSI 虛擬磁碟大小」頁面，在大小中鍵入此虛擬磁碟的大小，
此處以「GB」為單位。點選「固定大小」後點選「下一步」。

圖 **5-10**：指定 iSCSI 虛擬磁碟大小

進入「指派 iSCSI 目標」頁面，點選「新增 iSCSI 目標」後點選「下一步」。

圖 **5-11**：指派 iSCSI 目標

進入「指定目標名稱」頁面，在名稱中鍵入此 iSCSI 的目標名稱，點選「下一步」。

圖 **5-12**：指定目標名稱

進入「指定存取伺服器」頁面，點選「新增」。

圖 **5-13**：指定存取伺服器

進入「選取識別啟動器的方法」頁面，點選「輸入所選類型的值」，在類型的
下拉選單中選「IP 位址」，在值中鍵入 IP 位址後點選「確定」。

圖 **5-14**：選取識別啟動器的方法

依序新增，將 172.10.5.11、172.10.5.12、172.10.6.11 與 172.10.6.12 全部新增完後，點選「下一步」。

圖 5-15：新增 iSCSI 啟動器的 IP

進入「啟用驗證」頁面，在此不啟用任何驗證功能，點選「下一步」。

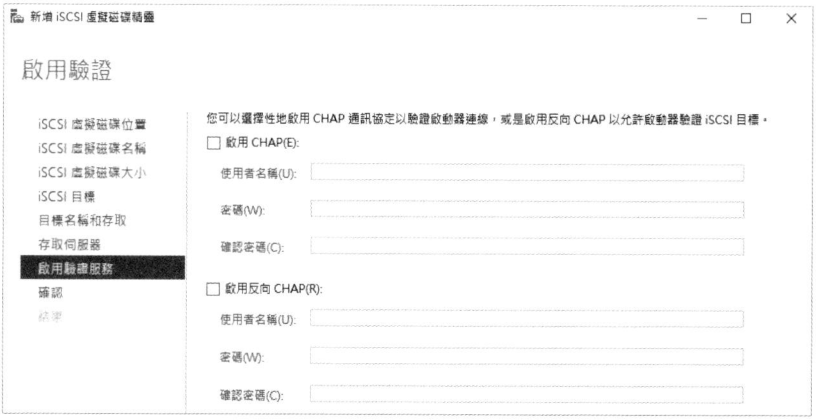

圖 5-16：啟用驗證

進入「確認選取項目」頁面，確認資訊無誤後，點選「建立」。

圖 5-17：確認選取項目

依上述同樣的操作，再建立一個 5G 大小名為 Quorum 的虛擬磁碟，作為
叢集的仲裁磁碟。在 iSCSI 中可看到建立好兩個虛擬磁碟，分別為 VM 與
Quorum。

圖 5-18：建立兩個 iSCSI 的虛擬磁碟

在 iSCSI 的 Target 端也就是 Storage 的部分設定好後，再來就要設定 Initator 端，也就是前端 Server 的部分。在 GUI 伺服器管理員中，點選「所有伺服器」，再以滑鼠右鍵點選「Nano-1」，點選「Windows PowerShell」，進入 Nano-1 的 PowerShell 指令模式中。

圖 **5-19**：開啟 Nano-1 的 PowerShell 指令模式

在 Nano-1 的 PowerShell 指令模式中，鍵入 Set-Service -Name msiscsi -StartupType Automatic 後按 Enter 鍵，啟動 iSCSI Initiator 的功能；再鍵入 Start-Service msiscsi 後按 Enter 鍵，設定此 Server 開機後自動啟動 iSCSI Initiator 功能；鍵入 New-IscsiTargetPortal 後按 Enter 鍵，配置 iSCSI 目標；鍵入 iSCSI 目標的 IP 後按 Enter 鍵。

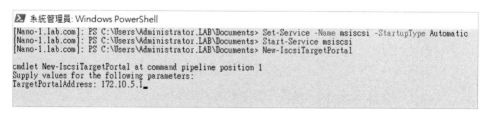

圖 **5-20**：啟用 iSCSI Initiator 功能與配置目標

將 Storage 的兩個 IP 172.10.5.1 與 172.10.6.1 分別設定目標，再鍵入 Get-IscsiTargetPortal 後按 Enter 鍵，取得目標配置資訊確認。

```
系統管理員: Windows PowerShell
[Nano-1.lab.com]: PS C:\Users\Administrator.LAB\Documents> Set-Service -Name msiscsi -StartupType Automatic
[Nano-1.lab.com]: PS C:\Users\Administrator.LAB\Documents> Start-Service msiscsi
[Nano-1.lab.com]: PS C:\Users\Administrator.LAB\Documents> New-IscsiTargetPortal

cmdlet New-IscsiTargetPortal at command pipeline position 1
Supply values for the following parameters:
TargetPortalAddress: 172.10.5.1


InitiatorInstanceName  :
InitiatorPortalAddress :
IsDataDigest           : False
IsHeaderDigest         : False
TargetPortalAddress    : 172.10.5.1
TargetPortalPortNumber : 3260
PSComputerName         :


[Nano-1.lab.com]: PS C:\Users\Administrator.LAB\Documents> New-IscsiTargetPortal

cmdlet New-IscsiTargetPortal at command pipeline position 1
Supply values for the following parameters:
TargetPortalAddress: 172.10.6.1


InitiatorInstanceName  :
InitiatorPortalAddress :
IsDataDigest           : False
IsHeaderDigest         : False
TargetPortalAddress    : 172.10.6.1
TargetPortalPortNumber : 3260
PSComputerName         :


[Nano-1.lab.com]: PS C:\Users\Administrator.LAB\Documents> Get-IscsiTargetPortal


InitiatorInstanceName  :
InitiatorPortalAddress :
IsDataDigest           : False
IsHeaderDigest         : False
TargetPortalAddress    : 172.10.5.1
TargetPortalPortNumber : 3260
PSComputerName         :

InitiatorInstanceName  :
InitiatorPortalAddress :
IsDataDigest           : False
IsHeaderDigest         : False
TargetPortalAddress    : 172.10.6.1
TargetPortalPortNumber : 3260
PSComputerName         :


[Nano-1.lab.com]: PS C:\Users\Administrator.LAB\Documents> _
```

圖 5-21：確認 iSCSI 目標配置

鍵入 Get-IscsiTarget | Connect-IscsiTarget -InitiatorPortalAddress 172.10.5.11 -IsMultipathEnabled $true -IsPersistent $true -TargetPortalAddress 172.10.5.1 後按 Enter 鍵，設定採用 MPIO 讓啟動器與目標連線。

因有兩組網段連線，要再鍵入 Get-IscsiTarget | Connect-IscsiTarget -InitiatorPortalAddress 172.10.6.11 -IsMultipathEnabled $true -IsPersistent $true -TargetPortalAddress 172.10.6.1 後按 Enter 鍵，完成啟動器與目標採用 MPIO 來連線。

圖 **5-22**：設定採用 MPIO 讓啟動器與目標連線

鍵入 Get-iSCSISession 後按 Enter 鍵，取得與 Storage 的目標連線；再鍵入 Get-iSCSISession | Get-Disk 後按 Enter 鍵，以掛載磁碟，可看到掛載了 250G 的磁碟 2 個與 5G 的磁碟 2 個；鍵入 Get-IscsiSession | Register-IscsiSession 後按 Enter 鍵，註冊連線完成，以後只要 Server 啟動就會自動連線並掛載此磁碟。

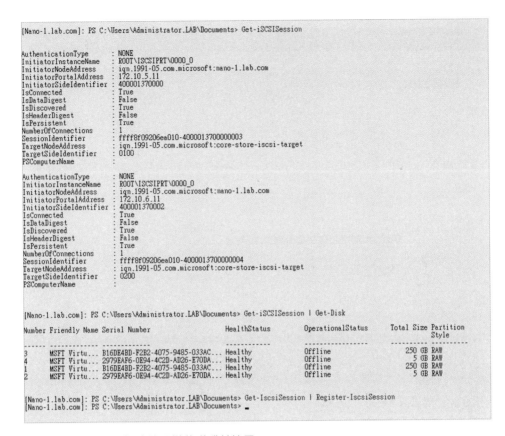

```
[Nano-1.lab.com]: PS C:\Users\Administrator.LAB\Documents> Get-iSCSISession

AuthenticationType      : NONE
InitiatorInstanceName   : ROOT\ISCSIPRT\0000_0
InitiatorNodeAddress    : iqn.1991-05.com.microsoft:nano-1.lab.com
InitiatorPortalAddress  : 172.10.5.11
InitiatorSideIdentifier : 400001370000
IsConnected             : True
IsDataDigest            : False
IsDiscovered            : True
IsHeaderDigest          : False
IsPersistent            : True
NumberOfConnections     : 1
SessionIdentifier       : ffff8f09206ea010-4000013700000003
TargetNodeAddress       : iqn.1991-05.com.microsoft:core-store-iscsi-target
TargetSideIdentifier    : 0100
PSComputerName          :

AuthenticationType      : NONE
InitiatorInstanceName   : ROOT\ISCSIPRT\0000_0
InitiatorNodeAddress    : iqn.1991-05.com.microsoft:nano-1.lab.com
InitiatorPortalAddress  : 172.10.6.11
InitiatorSideIdentifier : 400001370002
IsConnected             : True
IsDataDigest            : False
IsDiscovered            : True
IsHeaderDigest          : False
IsPersistent            : True
NumberOfConnections     : 1
SessionIdentifier       : ffff8f09206ea010-4000013700000004
TargetNodeAddress       : iqn.1991-05.com.microsoft:core-store-iscsi-target
TargetSideIdentifier    : 0200
PSComputerName          :

[Nano-1.lab.com]: PS C:\Users\Administrator.LAB\Documents> Get-iSCSISession | Get-Disk

Number Friendly Name Serial Number                     HealthStatus    OperationalStatus     Total Size Partition
                                                                                                        Style
------ ------------- -------------                     ------------    -----------------     ---------- ---------
3      MSFT Virtu... B16DE4BD-F2B2-4075-9485-033AC...  Healthy         Offline                 250 GB RAW
4      MSFT Virtu... 2979EAF6-0E94-4C2D-AD26-E70DA...  Healthy         Offline                   5 GB RAW
1      MSFT Virtu... B16DE4BD-F2B2-4075-9485-033AC...  Healthy         Offline                 250 GB RAW
2      MSFT Virtu... 2979EAF6-0E94-4C2D-AD26-E70DA...  Healthy         Offline                   5 GB RAW

[Nano-1.lab.com]: PS C:\Users\Administrator.LAB\Documents> Get-IscsiSession | Register-IscsiSession
[Nano-1.lab.com]: PS C:\Users\Administrator.LAB\Documents> _
```

圖 **5-23**：設定與目標連線及掛載磁碟並註冊

以上設定好後，回到 GUI 伺服器管理員，在「磁碟」中可看到 Nano-1
Server 上多了 2 個 250G 的磁碟與 2 個 5G 的磁碟，之所以每個磁碟都會是
2 個，是因為我們採用 HA 的作法，所以 iSCSI 是經由兩個網段由兩條路讓
Target 端與 Initator 端連線。再來我們要在 Server 上開啟多重路徑（MPIO）
的功能，這樣 Server 就會將路由合併，即可看到每個正常都是一個的磁
碟了。

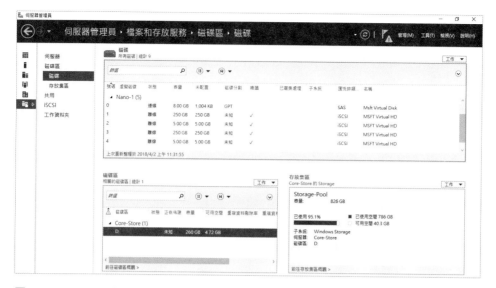

圖 5-24：Nano-1 掛載的磁碟

在開啟多重路徑（MPIO）之前要先在 Server 上安裝。在 GUI 伺服器管理員中點選「儀表板」，點選「新增角色及功能」，開啟「新增角色及功能精靈」，在伺服器集區中點選「Nano-1」。

圖 5-25：在 Nano-1 上新增角色及功能

在功能中勾選 Multipath I/O，安裝多重路徑功能。

圖 **5-26**：安裝 Multipath I/O

所有在 Nano Server 上可用的 PowerShell 指令，不論在 GUI 的 Server 上或 Server Core 上都是一樣可以使用的，但只有在啟用 MPIO 並使 MPIO 與磁碟生效的部分是與 GUI 及 Server Core 不同的。在官網 https://docs. microsoft.com/zh-tw/windows-server/get-started/mpio-on-nano-server 中有一段用來宣告 MPIO 磁碟的指令碼，如下：

```
#
#  Copyright (c) 2015 Microsoft Corporation.   All rights reserved.
#
#  THIS CODE AND INFORMATION IS PROVIDED "AS IS" WITHOUT WARRANTY
#  OF ANY KIND, EITHER EXPRESSED OR IMPLIED, INCLUDING BUT NOT LIMITED
#  TO THE IMPLIED WARRANTIES OF MERCHANTABILITY AND/OR FITNESS FOR A
#  PARTICULAR PURPOSE
#

<#
.Synopsis
    This powershell script allows you to enable Multipath-IO support using Microsoft's
    in-box DSM (MSDSM) for storage devices attached by certain bus types.

    After running this script you will have to either:
    1. Disable and then re-enable the relevant Host Bus Adapters (HBAs); or
    2. Reboot the system.

.Description

.Parameter BusType
    Specifies the bus type for which the claim/unclaim should be done.

    If omitted, this parameter defaults to "All".
```

"All" - Will claim/unclaim storage devices attached through Fibre Channel, iSCSI, or SAS.

"FC" - Will claim/unclaim storage devices attached through Fibre Channel.

"iSCSI" - Will claim/unclaim storage devices attached through iSCSI.

"SAS" - Will claim/unclaim storage devices attached through SAS.

.Parameter Server
    Allows you to specify a remote system, either via computer name or IP address.

    If omitted, this parameter defaults to the local system.

.Parameter Unclaim
    If specified, the script will unclaim storage devices of the bus type specified by the
    BusType parameter.

    If omitted, the script will default to claiming storage devices instead.

.Example
MultipathIoClaim.ps1

Claims all storage devices attached through Fibre Channel, iSCSI, or SAS.

.Example
MultipathIoClaim.ps1 FC

Claims all storage devices attached through Fibre Channel.

.Example
MultipathIoClaim.ps1 SAS -Unclaim

Unclaims all storage devices attached through SAS.

.Example
MultipathIoClaim.ps1 iSCSI 12.34.56.78

Claims all storage devices attached through iSCSI on the remote system with IP address
12.34.56.78.

```
#>
[CmdletBinding()]
param
(
    [ValidateSet('all','fc','iscsi','sas')]
    [string]$BusType='all',

    [string]$Server="127.0.0.1",

    [switch]$Unclaim
)

#
```

```
# Constants
#
$type = [Microsoft.Win32.RegistryHive]::LocalMachine
[string]$mpioKeyName = "SYSTEM\CurrentControlSet\Control\MPDEV"
[string]$mpioValueName = "MpioSupportedDeviceList"
[string]$msdsmKeyName = "SYSTEM\CurrentControlSet\Services\msdsm\Parameters"
[string]$msdsmValueName = "DsmSupportedDeviceList"

[string]$fcHwid = "MSFT2015FCBusType_0x6   "
[string]$sasHwid = "MSFT2011SASBusType_0xA   "
[string]$iscsiHwid = "MSFT2005iSCSIBusType_0x9"


#
# Functions
#

function AddHardwareId
{
    param
    (
        [Parameter(Mandatory=$True)]
        [string]$Hwid,

        [string]$Srv="127.0.0.1",

        [string]$KeyName="SYSTEM\CurrentControlSet\Control\MultipathIoClaimTest",

        [string]$ValueName="DeviceList"
    )

    $regKey = [Microsoft.Win32.RegistryKey]::OpenRemoteBaseKey($type, $Srv)
    $key = $regKey.OpenSubKey($KeyName, 'true')
    $val = $key.GetValue($ValueName)
    $val += $Hwid
    $key.SetValue($ValueName, [string[]]$val, 'MultiString')
}

function RemoveHardwareId
{
    param
    (
        [Parameter(Mandatory=$True)]
        [string]$Hwid,

        [string]$Srv="127.0.0.1",

        [string]$KeyName="SYSTEM\CurrentControlSet\Control\MultipathIoClaimTest",

        [string]$ValueName="DeviceList"
    )

    [string[]]$newValues = @()
    $regKey = [Microsoft.Win32.RegistryKey]::OpenRemoteBaseKey($type, $Srv)
```

```
        $key = $regKey.OpenSubKey($KeyName, 'true')
        $values = $key.GetValue($ValueName)
        foreach($val in $values)
        {
            # Only copy values that don't match the given hardware ID.
            if ($val -ne $Hwid)
            {
                $newValues += $val
                Write-Debug "$($val) will remain in the key."
            }
            else
            {
                Write-Debug "$($val) will be removed from the key."
            }
        }
        $key.SetValue($ValueName, [string[]]$newValues, 'MultiString')
}

function HardwareIdClaimed
{
    param
    (
        [Parameter(Mandatory=$True)]
        [string]$Hwid,

        [string]$Srv="127.0.0.1",

        [string]$KeyName="SYSTEM\CurrentControlSet\Control\MultipathIoClaimTest",

        [string]$ValueName="DeviceList"
    )

    $regKey = [Microsoft.Win32.RegistryKey]::OpenRemoteBaseKey($type, $Srv)
    $key = $regKey.OpenSubKey($KeyName)
    $values = $key.GetValue($ValueName)
    foreach($val in $values)
    {
        if ($val -eq $Hwid)
        {
            return 'true'
        }
    }

    return 'false'
}

function GetBusTypeName
{
    param
    (
        [Parameter(Mandatory=$True)]
        [string]$Hwid
    )
```

```
    if ($Hwid -eq $fcHwid)
    {
        return "Fibre Channel"
    }
    elseif ($Hwid -eq $sasHwid)
    {
        return "SAS"
    }
    elseif ($Hwid -eq $iscsiHwid)
    {
        return "iSCSI"
    }

    return "Unknown"
}

#
# Execution starts here.
#


#
# Create the list of hardware IDs to claim or unclaim.
#
[string[]]$hwids = @()

if ($BusType -eq 'fc')
{
    $hwids += $fcHwid
}
elseif ($BusType -eq 'iscsi')
{
    $hwids += $iscsiHwid
}
elseif ($BusType -eq 'sas')
{
    $hwids += $sasHwid
}
elseif ($BusType -eq 'all')
{
    $hwids += $fcHwid
    $hwids += $sasHwid
    $hwids += $iscsiHwid
}
else
{
    Write-Host "Please provide a bus type (FC, iSCSI, SAS, or All)."
}

$changed = 'false'

#
# Attempt to claim or unclaim each of the hardware IDs.
```

```
#
foreach($hwid in $hwids)
{
    $busTypeName = GetBusTypeName $hwid

    #
    # The device is only considered claimed if it's in both the MPIO and MSDSM lists.
    #
    $mpioClaimed = HardwareIdClaimed $hwid $Server $mpioKeyName $mpioValueName
    $msdsmClaimed = HardwareIdClaimed $hwid $Server $msdsmKeyName $msdsmValueName
    if ($mpioClaimed -eq 'true' -and $msdsmClaimed -eq 'true')
    {
        $claimed = 'true'
    }
    else
    {
        $claimed = 'false'
    }

    if ($mpioClaimed -eq 'true')
    {
        Write-Debug "$($hwid) is in the MPIO list."
    }
    else
    {
        Write-Debug "$($hwid) is NOT in the MPIO list."
    }

    if ($msdsmClaimed -eq 'true')
    {
        Write-Debug "$($hwid) is in the MSDSM list."
    }
    else
    {
        Write-Debug "$($hwid) is NOT in the MSDSM list."
    }

    if ($Unclaim)
    {
        #
        # Unclaim this hardware ID.
        #
        if ($claimed -eq 'true')
        {
            RemoveHardwareId $hwid $Server $mpioKeyName $mpioValueName
            RemoveHardwareId $hwid $Server $msdsmKeyName $msdsmValueName
            $changed = 'true'
            Write-Host "$($busTypeName) devices will not be claimed."
        }
        else
        {
            Write-Host "$($busTypeName) devices are not currently claimed."
        }
```

```
    }
    else
    {
        #
        # Claim this hardware ID.
        #
        if ($claimed -eq 'true')
        {
            Write-Host "$($busTypeName) devices are already claimed."
        }
        else
        {
            AddHardwareId $hwid $Server $mpioKeyName $mpioValueName
            AddHardwareId $hwid $Server $msdsmKeyName $msdsmValueName
            $changed = 'true'
            Write-Host "$($busTypeName) devices will be claimed."
        }
    }
}

#
# Finally, if we changed any of the registry keys remind the user to restart.
#
if ($changed -eq 'true')
{
    Write-Host "The system must be restarted for the changes to take effect."
}
```

將此段指令碼 Copy 至一個文字檔，並將副檔名改為 ps1，在開啟 MPIO 功能
後，要執行此指令碼才可在 Nano Server 上讓 MPIO 的磁碟生效。現在我們
先將此檔 Copy 至 Nano-1 上的 C 槽根目錄中，筆者將它取名為 MPIO.ps1。

圖 5-27：將指令檔 Copy 至 Nano-1 中

進入 Nano-1 的 PowerShell 模式，鍵入 Enable-WindowsOptionalFeature -Online -FeatureName MultiPathIO 後按 Enter 鍵，開啟 MPIO 的功能。

圖 **5-28**：在 Nano-1 中開啟 MPIO

切換至 C 槽根目錄下，鍵入 .\MPIO.ps1 後按 Enter 鍵，執行此指令檔。執行完後再鍵入 Restart-Computer 後按 Enter 鍵，重新啟動電腦。

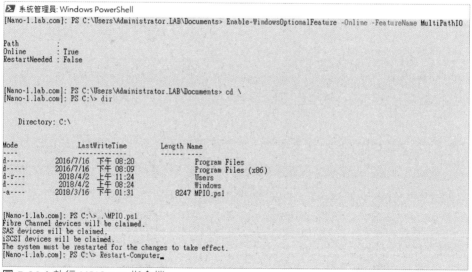

圖 **5-29**：執行 MPIO.ps1 指令檔

Nano-1 重新啟動後，在 GUI 的伺服器管理員的「磁碟」中可看到 Nano-1
上有 2 個分別為 5G 與 250G 的離線磁碟，如此 MPIO 的功能已生效了。

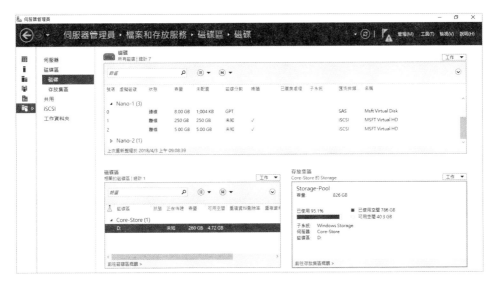

圖 5-30：Nano-1MPIO 功能已生效

點選「Nano-1」，再以滑鼠右鍵點選「250G」的離線磁碟，點選「上線」。

圖 5-31：Nano-1 250G 磁碟啟用上線

跳出「使磁碟上線」提示視窗，點選「是」。

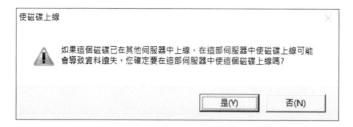

圖 **5-32**：提示視窗

磁碟上線後，再以滑鼠右鍵點選，點選「新增磁碟區」。

圖 **5-33**：新增磁碟區

開啟「新增磁碟區精靈」，點選「下一步」。

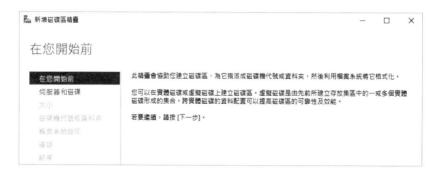

圖 **5-34**：新增磁碟區精靈

進入「選取伺服器和磁碟」頁面，在伺服器中點選「Nano-1」伺服器，在磁碟中點選「250GB」的磁碟後，點選「下一步」。

圖 **5-35**：選取伺服器和磁碟

進入提示會將磁碟初始化為 GPT 磁碟，點選「確定」。

圖 **5-36**：磁碟初始化為 GPT 磁碟

進入「指定磁碟區大小」頁面，磁碟區大小使用預設的上限，設定完成後點選「下一步」。

圖 **5-37**：指定磁碟區大小

進入「指派成磁碟機代號或資料夾」頁面，點選「磁碟機代號」，在下拉選單指定代號，點選「下一步」。

圖 **5-38**：指派成磁碟機代號或資料夾

進入「選取檔案系統設定」頁面，在磁碟區標籤中鍵入此磁碟區標籤，完成後點選「下一步」。

圖 **5-39**：選取檔案系統設定

進入「確認選取項目」頁面，確認資訊無誤後，點選「建立」。

圖 5-40：確認選取項目

此即完成了 250G 磁碟的建立磁碟區，依同樣的方式再建立 5G 的磁碟區。

圖 5-41：250G 磁碟區建立完成

將 250G 與 5G 的磁碟建立為 Nano-1 上磁碟區的 D 槽與 E 槽，其磁碟區的
標籤分別為 VM 與 Quorum。

圖 **5-42**：Nano-1 上的 D 槽與 E 槽的磁碟區

依上述同樣的方式，在 Nano-2 上也建立一個 250G 的磁碟區為 D 槽，其磁
區標籤為 VM；另一個 5G 的磁碟區為 E 槽，其磁區標籤為 Quorum。

圖 **5-43**：Nano-2 上的 D 槽與 E 槽的磁碟區

5·2 建立 Hyper-V 的容錯移轉叢集

我們在確認前端兩個叢集的節點，具備了 Service 用和叢集 Heartbeat 用的
兩個網路，且掛載一個為叢集的共用儲存和叢集的仲裁磁碟兩個磁碟後，現
在我們可以開始建立 Hyper-V 的容錯移轉叢集。在 GUI 上開啟容錯移轉叢
集管理員，點選「驗證設定」。

圖 5-44：開啟容錯移轉叢集管理員

開啟「驗證設定精靈」，點選「下一步」。

圖 5-45：驗證設定精靈

進入「選取伺服器或叢集」頁面，將 Nano-1 與 Nano-2 鍵入選取的伺服器中，點選「下一步」。

圖 5-46：選取伺服器或叢集

進入「測試選項」頁面，點選「執行所有測試（建議選項）」，點選「下一步」。

圖 **5-47**：測試選項

進入「確認」頁面，確認資訊無誤後，點選「下一步」。

圖 **5-48**：確認

進入「驗證」頁面，進行驗證測試中。

圖 5-49：驗證

驗證完成，可點選「檢視報告」來看詳細的驗證報告。勾選「立即使用經過
驗證的節點來建立叢集」，點選「完成」。

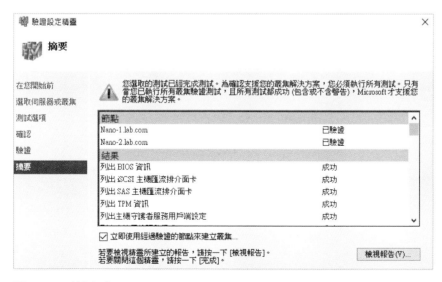

圖 5-50：驗證完成

開啟「建立叢集精靈」，點選「下一步」。

圖 **5-51**：建立叢集精靈

進入「用於管理叢集的存取點」頁面，在叢集名稱中鍵入名稱，在位址中鍵入叢集位址，點選「下一步」。

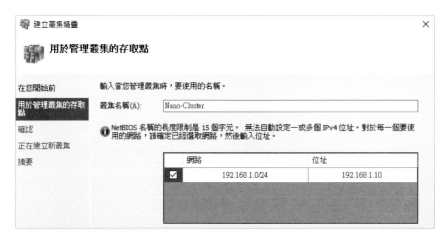

圖 **5-52**：用於管理叢集的存取點

進入「確認」頁面，勾選「新增適合的儲存裝置到叢集」，確認資訊無誤後，點選「下一步」。

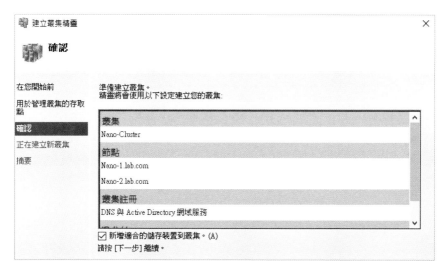

圖 **5-53**：確認

進入「正在建立新叢集」頁面，叢集建立中。

圖 **5-54**：正在建立新叢集

建立完成，可點選「檢視報告」查看叢集建立的詳細報告。點選「完成」。

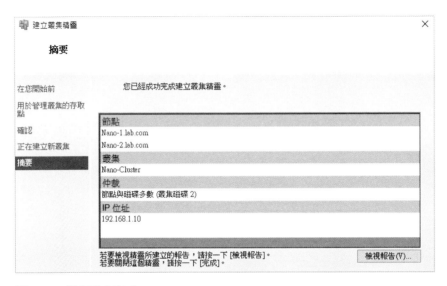

圖 **5-55**：叢集建立完成

叢集建立好後，我們在容錯移轉叢集管理員中，點選「Nano-Cluster」的叢集後點選「節點」，可看到 Nano-1 與 Nano-2 兩個節點。

圖 **5-56**：Nano-Cluster 叢集中 Nano-1 與 Nano-2 兩個節點

點選「磁碟」，可看到有 2 個磁碟，一個為可用存放裝置，一個為仲裁中的磁碟見證。以滑鼠右鍵點選「可用存放裝置」後，點選「新增至叢集共用磁碟區」。

圖 5-57：新增叢集共用磁碟區

新增完後，可用存放裝置就變成叢集共用磁碟區，此 250G 的磁碟就變成此
叢集的共用儲存了。

圖 5-58：叢集共用磁碟區

至此整個 Hyper-V 的容錯移轉叢集就建置完成。

5・3 Hyper-V 容錯移轉叢集實作

我們一樣要將 Admin 的帳號使用電腦管理加入 Nano-1、Nano-2 與 Core-Store 的 Administrator 群組中。

圖 5-59：將 Admin 加入 Server 的 Administrator 群組中

使用 Admin 的帳號登入 GUI Server 來操作。

圖 5-60：使用 Admin 帳號登入

登入後開啟容錯移轉叢集管理員，依前章所述的方式來建立 Nano 虛擬機，此虛擬機的位置將建立在 Nano-1 裡 C:\ClusterStorage\volume1\ 的共用儲存內。

圖 **5-61**：虛擬機建立在叢集的共用儲存中

此虛擬機的硬碟檔也儲存在 Nano-1 下 C:\ClusterStorage\volume1\nano\virtual hard disks 的共用儲存內。

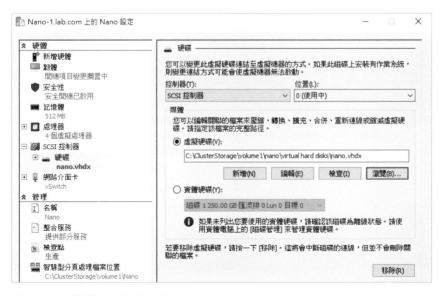

圖 **5-62**：虛擬機硬碟檔的位置

目前 Nano 虛擬機擁有者節點為 Nano-1 上，以滑鼠右鍵點選 Nano 虛擬機，
再點選「移動」，然後點選「即時移轉」，最後點選「最佳可行節點」。

圖 **5-63**：即時移轉虛擬機

進行移轉中。

圖 **5-64**：即時移轉中

可看到 Nano 虛擬機目前的擁有者節點改為 Nano-2 了。

圖 5-65：Nano 虛擬機移轉至 Nano-2

點選「磁碟」，目前叢集共用磁碟區的擁有者節點為 Nano-1，而共用磁碟也是可以移轉的。以滑鼠右鍵點選叢集共用磁碟，再點選「移動」，最後再點選「最佳可行節點」。

圖 5-66：移轉叢集共用磁碟

開始進行移轉。

圖 **5-67**：叢集共用磁碟移轉中

移轉完成後，可看到目前叢集共用磁區的擁有者節點為 Nano-2 了。

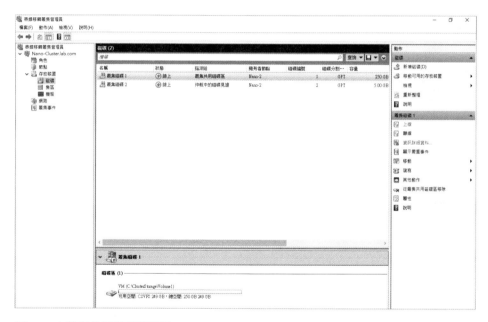

圖 **5-68**：叢集共用磁碟移轉至 Nano-2

此 Hyper-V 容錯移轉叢集即是一般在大型系統中，採用專業的 Storage 來建立叢集的架構範例。

超融合容錯移轉叢集

6

在 Windows Server 2016 中新增加了軟體定義儲存（Software-Defined Storage, SDS）技術，它是由 Windows Server 2012 的存放空間（Storage Space）技術演化而來，在 Windows Server 2016 內稱之為儲存空間直接存取（Storage Spaces Direct, S2D），也就是所謂的超融合架構。

簡單來說，S2D 技術與 Storage Space 技術的最大不同在於，S2D 技術可以將多台伺服器的「本機硬碟（Local Disk）」結合成為一個大的儲存資源池。而所謂的超融合（Hyper-Converged），就是將「運算（Compute）、儲存（Storage）、網路（Network）」等資源全部「整合」在一起，並將 Hyper-V 及 S2D 技術都運作在「同一個」容錯移轉叢集環境中，此時虛擬主機將直接運作在本地端的 CSV 當中，這樣的架構適合用於如下圖的中小型規模的運作架構。

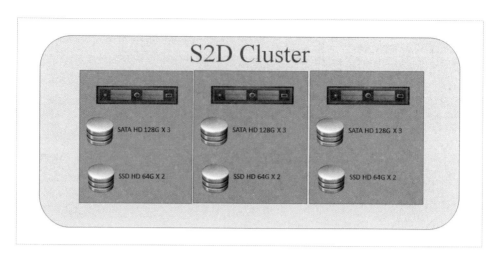

圖 6-1：超融合容錯移轉叢集架構

採用 S2D 技術最大的好處便是「簡化架構部署」。因為使用 S2D 技術之後採用相對單純的網路架構，而且因為省去了硬碟機箱或 Storage，連帶節省大量的機櫃空間、電力、冷氣與成本等等，也無須安裝及設定 MPIO 多重路徑機制，這也是好處之一。

另一項好處則是可以無縫式進行擴充，簡單來說，亦即能夠達成水平擴充（Scale-Out）的運作架構，只要增加容錯移轉叢集中的節點，便可同時增加整體的儲存空間和運算資源，並且新加入的叢集節點將會自動進行儲存資源的負載平衡作業。

6.1 超融合容錯移轉叢集──節點配置說明

依圖 6-1 超融合容錯移轉叢集架構，本實作範例將準備 Nano Server 來作為叢集的節點，每個 Nano Server 要勾選 Hyper-V、Windows PowerShell Desired State Configuration、容錯移轉叢集服務、檔案伺服器角色與其他儲存元件與資料中心橋接的功能。因為啟用 S2D 機制，為了確保 Server 效能，需要採用支援 RDMA（Remote Direct Memory Access）的網卡，而為了要使用 RDMA 的功能，所以要勾選「資料中心橋接」。

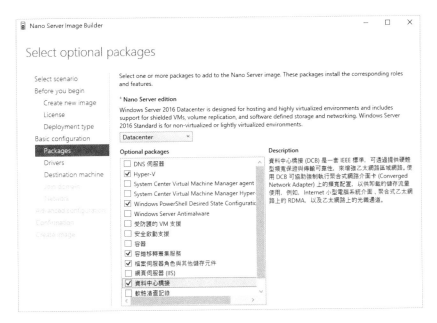

圖 6-2：勾選 Nano Server 的功能

在採用 S2D 的機制時，為了要提高伺服器效能，需要在伺服器上安裝具有支援 RDMA（Remote Direct Memory Access）的網卡，當伺服器採用支援 RDMA 技術的網路介面卡時，SMB Client 與 SMB Server 主機之間，將會採用記憶體到記憶體方式來進行資料傳輸，所以能夠以最大效能來降低伺服器 CPU 工作負載和延遲時間，達成存取遠端伺服器資料類似於存取本機資料一樣。

為了配合伺服器使用 RDMA 的網卡，在連接的網路交換器也需要選用支援資料中心橋接（Data Center Bridge, DCB）特色功能的網路交換器。

一般我們在建置超融合容錯移轉叢集的架構中，會使用支援 DCB10GbE 的網路交換器，在伺服器上也安裝至少一張 2Port 支援 RDMA 10GbE 的網路介面卡。

在本次實作的範例，每個 Nano Server 的節點中，配置一個 Heartbeat 及兩個 10GbE 的 Service-1 與 Service-2，共三個網路介面。

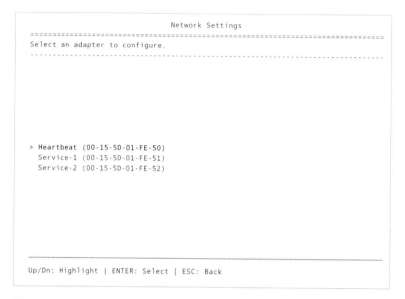

```
                          Network Settings
=============================================================================
Select an adapter to configure.
- - - - - - - - - - - - - - - - - - - - - - - - - - - - - - - - - - - - - - -




 >  Heartbeat (00-15-5D-01-FE-50)
    Service-1 (00-15-5D-01-FE-51)
    Service-2 (00-15-5D-01-FE-52)




_____
Up/Dn: Highlight | ENTER: Select | ESC: Back
```

圖 6-3：Nano Server 的網路配置

我們先經由 Heartbeat 的連線，遠端進入 Nano Server PowerShell 的指令模式，來設定網路。

鍵入 New-NetQosPolicy SMB -NetDirectPortMatchCondition 445 -PriorityValue8021Action 5 後按 Enter 鍵，建立 SMB 用途的網路 QoS 原則；鍵入 Enable-NetQosFlowControl -Priority 5 後按 Enter 鍵，啟用流量控制機制，鍵入 Disable-NetQosFlowControl -Priority 0,1,2,3,4,6,7 後按 Enter 鍵，停用其他流量類型的管控機制，這裡採用的 Priority 5 必須與 10GbE 網路交換器組態設定一致才行；鍵入 Enable-NetAdapterQos -InterfaceAlias "Service-1", "Service-2" 後按 Enter 鍵，將建立的網路 QoS 原則及流量控制機制，套用至指定的 RDMA 網路介面；鍵入 New-NetQosTrafficClass SMB -Priority 5 -BandwidthPercentage 60 -Algorithm ETS 後按 Enter 鍵，如此在這 RDMA 的網路介面中，將有 60% 的網路流量頻寬會優先給 SMB Direct 使用。

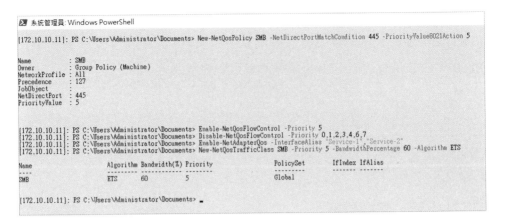

圖 6-4：網路 QoS 與流量控管設定

在 Windows Server 2012 時，便已經支援配置及使用 RDMA 的網路介面卡，但有以下兩點限制：

- 配置 RDMA 網路介面卡時不支援 NIC Teaming。
- 配置 RDMA 網路介面卡時無法建立虛擬交換器。

而在 Windows Server 2016 中，當配置 RDMA 網路介面卡時，只要搭配使用 SET（Switch Embedded Teaming）機制，便可支援 NIC Teaming 及建立虛擬交換器。基本上 Nano Server 本身只支援 SET 的機制，但如果是使用 GUI 介面或 Server Core，也一樣要使用 SET 的機制來設定 RDMA 的網路介面卡。

鍵入 New-VMSwitch -Name vSwitch -NetAdapterName "Service-1", "Service-2" -EnableEmbeddedTeaming $true -AllowManagementOS $false 後按 Enter 鍵，使用 Service-1 與 Service-2 兩張 RDMA 的網卡建立名為 vSwitch 的虛擬交換器；鍵入 Add-VMNetworkAdapter -SwitchName vSwitch -Name Service –ManagementOS 後按 Enter 鍵，使用 vSwitch 的虛擬交換器，建立名為 Service 的虛擬網卡，如果系統環境中有使用 VLAN ID 的話，可以再鍵入 Set-VMNetworkAdapterVlan -VMNetworkAdapterName Service -VlanId 01 –Access –ManagementOS

來設定此網卡的 VLAN ID；鍵入 Enable-NetAdapterRDMA "vEthernet (Service)" 後按 Enter 鍵，指定啟用 RDMA 特色功能的網路介面；鍵入 Restart-Computer 後按 Enter 鍵，重新啟動電腦。

圖 6-5：使用 SET 機制設定網卡

在重新啟動後，便可設定網卡的 IP，然後依之前所述的作法，將 Nano Server 納入 GUI 的伺服器管理員中，再使用 GUI 的伺服器管理員來操作。

圖 6-6：將 Nano Server 納入 GUI 的伺服器管理員中

依前所述，我們建立 Nano-S2D_01、Nano-S2D_02 與 Nano-S2D_03 三個 Nano Server 來作為此叢集的節點。每個節點都配置兩個網段，一個為 172.10.10.0 的 Heartbeat 網段，與一個為 192.168.1.0 採用 RDMA 的 Service 網段。

圖 6-7：叢集的三個 Nano Server 節點

每個節點在 HD 的部分，我們準備 3 個 SATA 128G 的 HD 與 2 個 SSD 64G 的 HD。這 5 個 HD 都是不能作 RAID 的，要能讓 OS 直接存取。

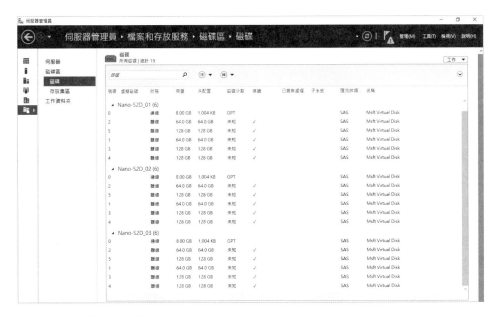

圖 **6-8**：每個節點配置的 HD

本實作我們要建立的是超融合容錯移轉叢集，所以叢集建立後，所使用的共用儲存磁碟，就是目前每個節點所掛載的磁碟所組成的存放空間，因此要另外建一個共用的目錄來作為此叢集的仲裁磁碟，在 GUI Server 中的 C 槽下建立一個 Quorum 的目錄。

圖 **6-9**：建立 Quorum 目錄

在 GUI 的伺服器管理員中，點選「檔案和存放服務」，再點選「共用」，點選「工作」下拉選單中的「新增共用」。

圖 6-10：新增共用目錄

進入「選取此共用的設定檔」頁面，點選「SMB 共用 - 應用程式」後點選「下一步」。

圖 6-11：選取此共用的設定檔

進入「選取此共用的伺服器和路徑」頁面，在伺服器中點選「GUI」伺服器，在共用位置中點選「輸入自訂路徑」，使用「瀏覽」找到 C 槽下的 quorum，點選「下一步」。

圖 6-12：選取此共用的伺服器和路徑

進入「指定共用名稱」頁面，鍵入共用名稱，點選「下一步」。

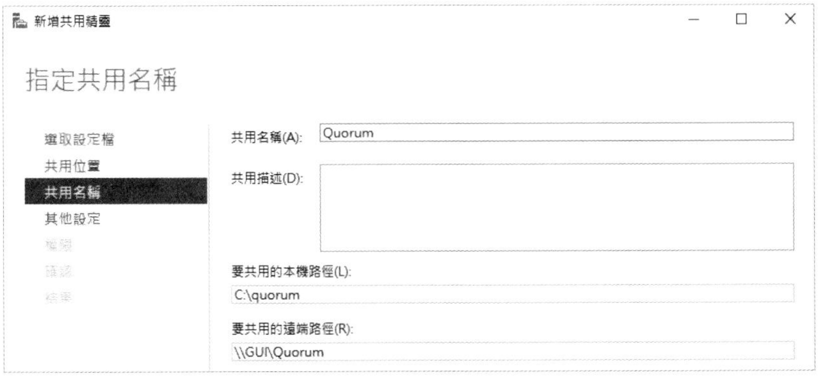

圖 6-13：指定共用名稱

進入「設定共用設定」頁面，這裡我們皆不勾選，點選「下一步」。

圖 6-14：設定共用設定

進入「設定權限以控制存取權」頁面，點選「自訂權限」。

圖 6-15：設定權限以控制存取權

開啟「quorum 的進階安全性設定」視窗，點選「停用繼承」。

圖 **6-16**：Quorum 的進階安全性設定

跳出「禁止繼承」提示視窗，點選「將繼承的權限轉換成此物件的明確權限」。

圖 **6-17**：禁止繼承

刪除其他權限，只留下 SYSTEM 與 CREATOR OWNER 兩個，點選「新增」。

圖 6-18：刪除權限並新增

依之前章節所述，新增 Domain Admins、Admin、Nano-S2D_01、Nano-S2D_02 與 Nano-S2D_03 的完全控制權限，點選「共用」。

圖 6-19：新增權限

在共用中移除 Everyone 權限，新增 Domain Admins、Admin、Nano-S2D_01、Nano-S2D_02 與 Nano-S2D_03 的完全控制權限，點選「確定」。

圖 6-20：新增共用權限

進入「設定權限以控制存取權」頁面，點選「下一步」。

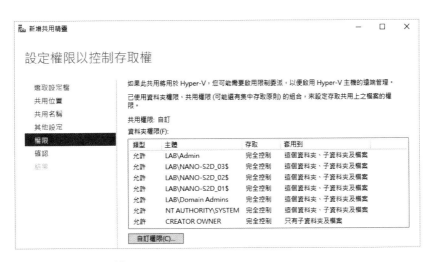

圖 6-21：新增自訂權限

進入「確認選取項目」頁面，確認資訊無誤後，點選「建立」。

圖 6-22：確認選取項目

建立完成，點選「關閉」。

圖 6-23：建立共用目錄完成

我們一樣使用電腦管理，將 Admin 帳號加入至 Nano-S2D_01、Nano-S2D_02 與 Nano-S2D_03 的 Administrator 群組中，以便以後使用 Admin 帳號來操作叢集。

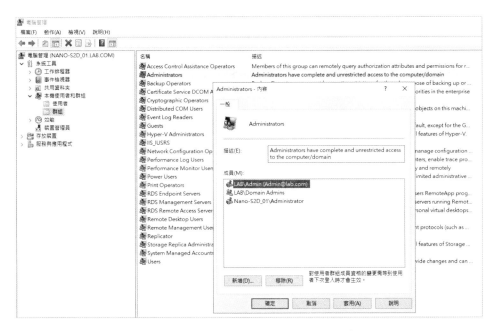

圖 **6-24**：將 Admin 帳號加入 Nano Server Administrator 的群組中

至此超融合容錯移轉叢集的每個節點都已配置完成。

6·2 建立超融合容錯移轉叢集

在 GUI Server 上開啟容錯移轉叢集管理員，點選「驗證設定」。

圖 **6-25**：在容錯移轉叢集管理員作驗證設定

開啟「驗證設定精靈」，點選「下一步」。

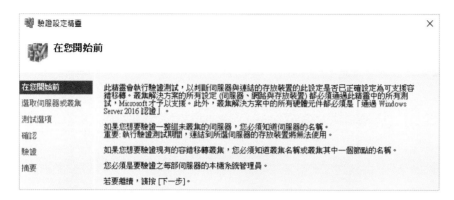

圖 **6-26**：開啟驗證設定精靈

進入「選取伺服器或叢集」頁面，在「選取的伺服器」中加入預建立叢集的三個節點 Nano-S2D_01、Nano-S2D_02 與 Nano-S2D_03，點選「下一步」。

圖 **6-27**：選取伺服器或叢集

進入「測試選項」頁面，點選「執行所有測試（建議選項）」後點選「下一步」。

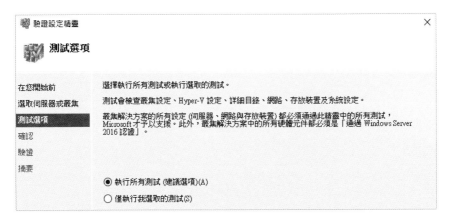

圖 6-28：測試選項

進入「確認」頁面，確認資訊無誤後，點選「下一步」。

圖 6-29：確認

進入「驗證」頁面，開始進行測試。

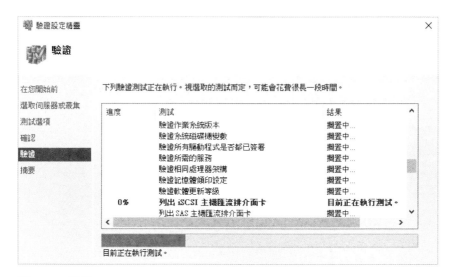

圖 6-30：驗證

進入「摘要」頁面，驗證已完成，勾選「立即使用經過驗證的節點來建立叢集」，也可點選「檢視報告」來看詳細的測試報告。點選「完成」。

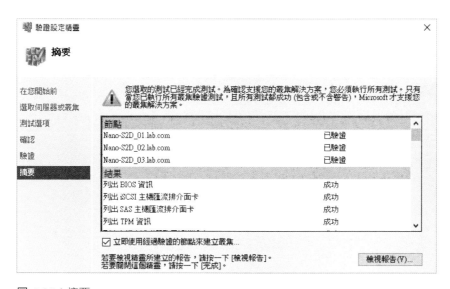

圖 6-31：摘要

開啟「建立叢集精靈」，點選「下一步」。

圖 6-32：啟動建立叢集精靈

進入「用於管理叢集的存取點」頁面，鍵入叢集名稱與位址，點選「下一步」。

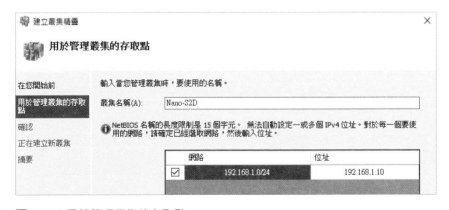

圖 6-33：用於管理叢集的存取點

進入「確認」頁面，勾選「新增適合的儲存裝置到叢集」，確認資訊無誤後，
點選「下一步」。

圖 6-34：確認

進入「正在建立新叢集」頁面，叢集建立中。

圖 6-35：正在建立新叢集

進入「摘要」頁面，叢集建立完成，可點選「檢視報告」來查看詳細的報告。點選「完成」。

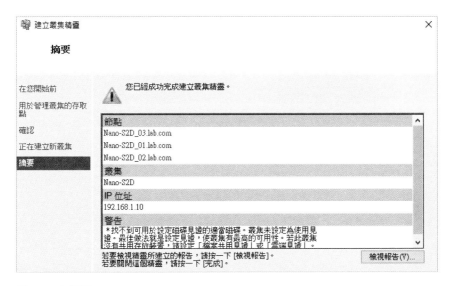

圖 **6-36**：摘要

以滑鼠右鍵點選「Nano-S2D」叢集，再點選「其他動作」，然後點選「設定叢集仲裁設定」。

圖 **6-37**：設定叢集仲裁設定

開啟「設定叢集仲裁精靈」，點選「下一步」。

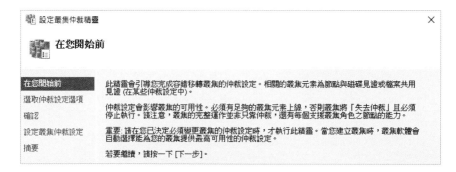

圖 6-38：設定叢集仲裁精靈

進入「選取仲裁設定選項」頁面，點選「選取仲裁見證」，點選「下一步」。

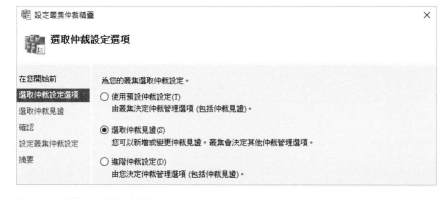

圖 6-39：選取仲裁設定選項

進入「選取仲裁見證」頁面，點選「設定檔案共用見證」，點選「下一步」。

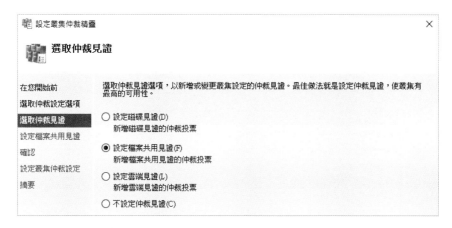

圖 **6-40**：選取仲裁見證

進入「設定檔案共用見證」頁面，在「檔案共用路徑」中使用「瀏覽」找到
Quorum 的共用路徑，點選「下一步」。

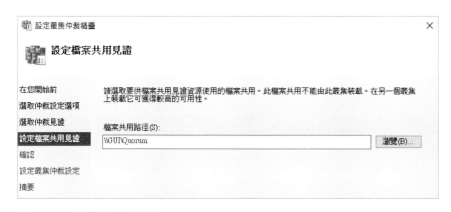

圖 **6-41**：設定檔案共用見證

進入「確認」頁面，確認資訊無誤後，點選「下一步」。

圖 6-42：確認

進入「摘要」頁面，可點選「檢視報告」來看詳細報告。確認資訊無誤後，
點選「完成」。

圖 6-43：摘要

至此 Nano-S2D 叢集已建立完成，可在叢集中看到 Nano-S2D_01、Nano-S2D_02 與 Nano-S2D_03 三個節點。

圖 **6-44**：Nano-S2D 叢集與 3 個節點

叢集建立好後，我們將啟用 S2D 的機制來建立存放集區，建立 S2D 的存放集區目前只有使用 PowerShell 指令的方式，在 Windows Server 2016 中並無相關的 GUI 圖形介面可以操作。

另外要補充說明的是，不能在 Nano Server 上使用建立 S2D 的 PowerShell 指令，因為 Nano Server 裡的 PowerShell 不支援這個指令。因此，我們需要在有 GUI 圖形介面的 Windows Server 2016 或是 Server Core 上的 PowerShell 裡來下這個指令，把目標指向 Nano Server 建立的叢集就可以了。

請在 GUI Server 中，以系統管理員身分開啟 PowerShell 指令模式，鍵入 Enable-ClusterStorageSpacesDirect –CimSession Nano-S2D -PoolFriendlyName S2DPool 後按 Enter 鍵，建立 Nano-S2D 叢集的存放集區 S2DPool，便開始建立。

圖 **6-45**：建立 Nano-S2D 叢集的存放集區 S2DPool

S2D 建立完成。

圖 **6-46**：S2D 建立完成

在容錯移轉叢集管理員中，點選「Nano-S2D」叢集裡的「存放裝置」，點選「集區」，可看到已建立好一個可用空間 1.48TB 的 Cluster Pool 存放集區。

圖 **6-47**：建立好的儲存集區

存放集區建立好後，我們要開始由此集區來建立虛擬磁碟。在「容錯移轉叢集管理員」中，以滑鼠右鍵點選「Cluster Pool」集區，點選「新增虛擬磁碟」。

圖 **6-48**：新增虛擬磁碟

開啟「選取儲存集區」視窗，在存放集區中點選「S2DPool」，點選「確定」。

圖 **6-49**：選取儲存集區

開啟「新增虛擬磁碟精靈」，點選「下一步」。

圖 **6-50**：新增虛擬磁碟精靈

進入「指定虛擬磁碟名稱」頁面，在名稱中鍵入虛擬磁碟名稱，點選「下一步」。

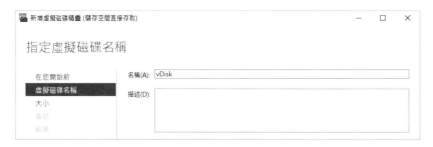

圖 **6-51**：指定虛擬磁碟名稱

進入「指定虛擬磁碟的大小」頁面，分別點選效能層、容量層的「指定大小」，鍵入數值，選擇單位為「GB」，點選「下一步」。

圖 **6-52**：指定虛擬磁碟的大小

進入「確認選取項目」頁面，確認資訊無誤後，點選「建立」。

圖 **6-53**：確認選取項目

進入「檢視結果」頁面，勾選「當此精靈關閉時建立磁碟區」，點選「關閉」。

圖 **6-54**：檢視結果

開啟「新增磁碟區精靈」，點選「下一步」。

圖 **6-55**：新增磁碟區精靈

進入「選取伺服器和磁碟」頁面，在伺服器中點選「Nano-S2D」叢集，在磁碟中點選「vDisk」，點選「下一步」。

圖 6-56：選取伺服器和磁碟

進入「指定磁碟區大小」頁面，畫面顯示磁碟區的大小將與虛擬磁碟相同，因為虛擬磁碟使用儲存層，點選「下一步」。

圖 6-57：指定磁碟區大小

進入「指派成磁碟機代號或資料夾」頁面，在指派給中點選「磁碟機代號」，從下拉選單選取磁碟機代號，點選「下一步」。

圖 6-58：指派成磁碟機代號或資料夾

進入「選取檔案系統設定」頁面，在磁碟區標籤中鍵入標籤名稱，點選「下一步」。

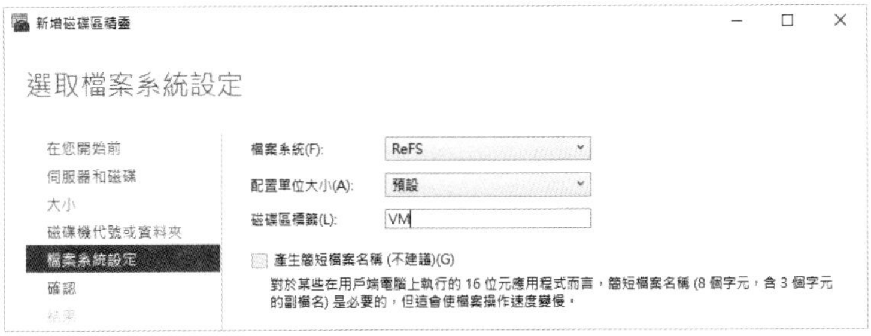

圖 6-59：選取檔案系統設定

進入「確認選取項目」頁面，確認資訊無誤後，點選「建立」。

圖 6-60：確認選取項目

進入「完成」頁面，磁碟區建立完成，點選「關閉」。

圖 **6-61**：磁碟區建立完成

磁碟區建立好後，在容錯移轉管理員中點選「Nano-S2D」叢集的「存放裝置」，再點選「磁碟」，以滑鼠右鍵點選剛建好的「vDisk」磁碟區，點選「新增至叢集共用磁碟區」。

圖 **6-62**：新增至叢集共用磁碟區

如此在 vDisk 的磁碟區可看到，已指派給叢集共用磁碟區了。

圖 **6-63**：已新增至叢集共用磁碟區

在容錯移轉叢集管理員中，點選「Nano-S2D」叢集，點選「網路」，可看到有配置兩個網路：Cluster Network 2，是給叢集與用戶端使用，這是我們 Service 的網段；Cluster Network 1，是僅叢集使用，這是我們 Heartbeat 的網段。因此我們要設定虛擬機的即時移轉，要使用 Service 網段，因為 Service 網段是使用 RDMA 的網段，虛擬機要由這個網段移轉效能才高。點選右上方「即時移轉設定」。

圖 **6-64**：虛擬機即時移轉網路設定

開啟「即時移轉設定」視窗，只勾選「Cluster Network 2」，使用 Service 具有 RDMA 的網段來作虛擬機的即時移轉，點選「確定」。

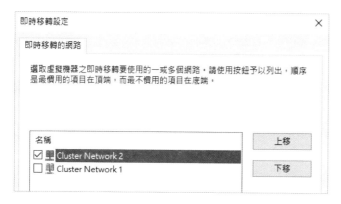

圖 6-65：使用 Service 網段作為虛擬機即時移轉

再來我們要針對每個節點的 Hyper-V 作設定。開啟 Hyper-V 管理員後，在右方點選「Hyper-V 設定」。

圖 6-66：設定 Hyper-V

在左方伺服器中，點選「即時移轉」中的「進階功能」，在右方驗證通訊協定，點選「使用認證安全性支援提供者（CredSSP）」，效能選項中，點選「SMB」，因我們使用了 RDMA 的功能，採用 SMB 直接傳輸，這樣的速度要比使用壓縮的方式會快很多。將 Nano-S2D_02 與 Nano-S2D_03 節點作同樣的設定。

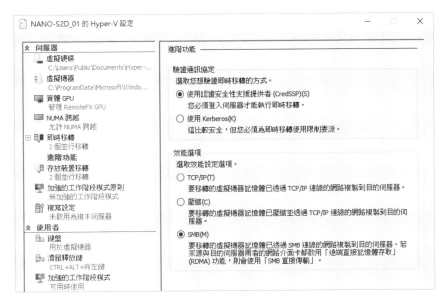

圖 6-67：即時移轉採用 SMB 直接傳輸

6·3 超融合容錯移轉叢集實作

我們一樣要先使用 Admin 的帳號登入 GUI Server 來操作。

圖 6-68：使用 Admin 帳號登入

在 GUI 開啟「容錯移轉叢集管理員」，點選「Nano-S2D」叢集，以滑鼠右鍵點選「角色」，再點選「虛擬機器」，點選「新增虛擬機器」。

圖 **6-69**：在叢集中新建虛擬機

開啟「新增虛擬機器」視窗，在「叢集節點」中，點選 Nano-S2D_01，點選「確定」。

圖 **6-70**：新增虛擬機器

進入「指定名稱和位置」頁面，主要將虛擬機的存放路徑，選取在 C:\ClusterStorage\volume1\ 叢集的共用儲存磁碟區中。

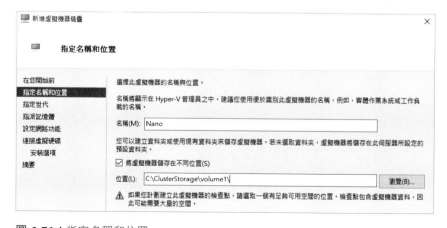

圖 **6-71**：指定名稱和位置

中間的步驟我們就省略了，有需要的讀者可參考之前的章節，建立好的虛擬機，會自動納入高可用性中。

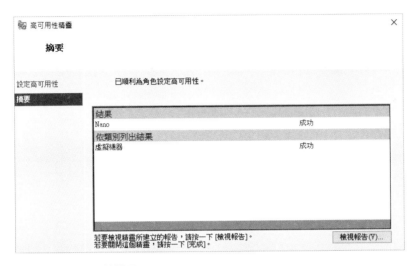

圖 **6-72**：高可用性精靈

開啟檔案總管，將 Nano.vhdx 的硬碟檔 Copy 至 \\192.168.1.11\c$\ClusterStorage\Volume1\Nano\Virtual Hard Disks。

圖 **6-73**：Copy Nano 硬碟檔

在「容錯移轉叢集管理員」中，以滑鼠右鍵點選「Nano」虛擬機，點選「設定」。

圖 **6-74**：設定虛擬機

將虛擬硬碟的位置指向 C:\ClusterStorage\volume1\nano\Virtual hard disks\nano.vhdx，叢集的共用磁碟區中，可參考之前的章節所述，並將其他項目設定好。

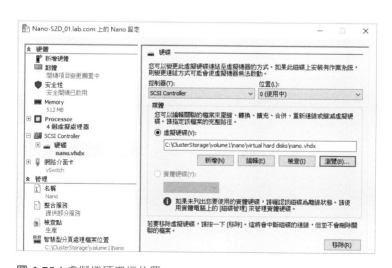

圖 **6-75**：虛擬機硬碟檔位置

當我們建立與設定好虛擬機後，便可以滑鼠右鍵點選，點選「啟動」，將虛
擬機啟動。

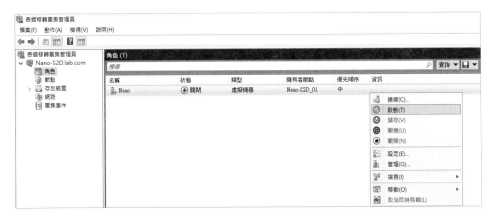

圖 **6-76**：啟動虛擬機

可看到目前 Nano 虛擬機的「擁有者節點」為 Nano-S2D_01，以滑鼠右鍵點
選「Nano」，點選「移動」，然後點選「即時移轉」，最後點選「最佳可行節
點」。

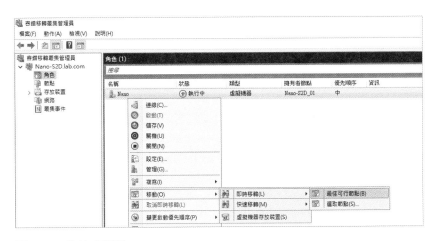

圖 **6-77**：移轉虛擬機

虛擬機移轉進行中。

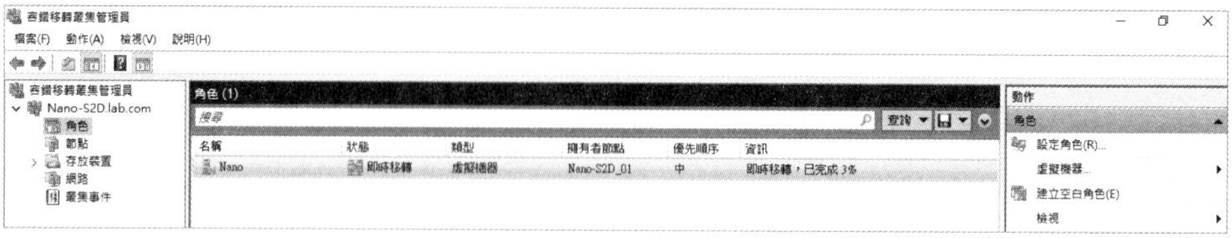

圖 6-78：移轉進行中

移轉完後，可看到 Nano 的擁有者節點已改為 Nano-S2D_02 了。

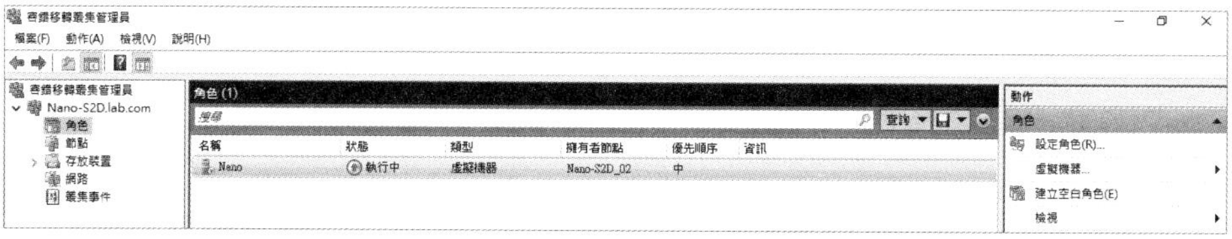

圖 6-79：移轉完成

而叢集的共用磁碟區也是可以作移轉的，目前可看到 vDisk 叢集共用磁碟區
的擁有者節點為 Nano-S2D_03，在磁碟中以滑鼠右鍵點選「vDisk」叢集共
用磁碟區，再點選「移動」，點選「最佳可行節點」。

圖 6-80：移轉叢集共用磁碟區

移轉完成後，可看到 vDisk 叢集共用磁碟區的擁有者節點已改為 Nano-S2D_01 了。

圖 **6-81**：移轉完成叢集共用磁碟區

當然，存放集區的執行節點也是可以移轉的，目前存放集區的擁有者節點為 Nano-S2D_01。點選「集區」，以滑鼠右鍵點選「Cluster Pool」集區，再點選「移動」，點選「最佳可行節點」。

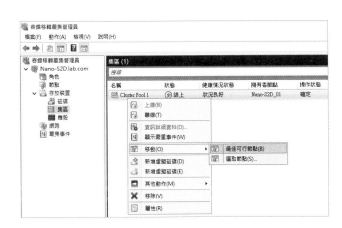

圖 **6-82**：移轉儲存集區

移轉完後，可看到存放集區的擁有者節點已改為 Nano-S2D_03 了。

圖 **6-83**：移轉完成儲存集區

此超融合容錯移轉叢集，叢集的共用磁碟區是由每個節點的 HD 所組成的存放空間建立的，所以當有任何一個節點要進行維護重開機或關機時，我們要先將其節點上的角色清空。等節點復原後，要再回復角色，並且回復時會需要一段時間，因為共用磁碟區裡的資料要作負載平衡作業。在「節點」中，以滑鼠右鍵點選要關機的節點，再點選「暫停」，點選「清空角色」。

圖 **6-84**：清空節點角色

角色清空後，可以看到節點顯示為已暫停，此時可將此節點重新開機或關機。

圖 6-85：節點已暫停

待節點回復後，將恢復角色。以滑鼠右鍵點選「節點」，再點選「繼續」，點選「容錯回復角色」。

圖 6-86：恢復節點角色

角色回復後，便可看到節點顯示為執行中。

圖 6-87：節點角色恢復完成

現在我們要來說明，如果在建立叢集之前，本身 Hyper-V 上就已經有虛擬機存在，在建立好叢集後，如何將這台既有的虛擬機加入到叢集的高可用性中。在容錯移轉叢集管理員中，於左方點選「Nano-S2D」叢集中的「角色」，以滑鼠右鍵點選角色其中的虛擬機，點選「管理」。

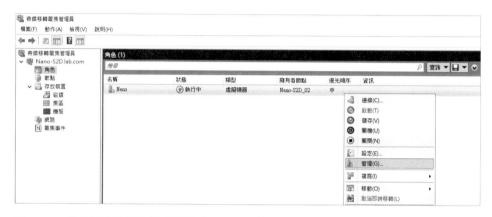

圖 6-88：從容錯移轉叢集管理員開啟 Hyper-V 管理員

開啟「Hyper-V 管理員」，在左方點選「Nano-S2D_01」，即可看到在 Nano-S2D_01 上有 1 台 Nano-2 虛擬機在執行。

圖 6-89：Nano-S2D_01 上執行的虛擬機

以滑鼠右鍵點選此虛擬機，點選「設定」。

圖 **6-90**：開啟設定虛擬機

開啟設定視窗後，在左邊點選「硬碟」，在右邊媒體的設定項中，可看到此虛擬硬碟位於 C:\vm\nano-2\Virtual Hard Disks\Nano-2.vhdx。所以這個虛擬機是建置在 Nano-S2D_01 上的目錄裡，而非建置於叢集的共用磁碟區內。

圖 **6-91**：虛擬硬碟的路徑

我們回到容錯移轉叢集管理員中，以滑鼠右鍵點選「角色」，點選「設定角色」。

圖 **6-92**：設定角色

開啟「高可用性精靈」，點選「下一步」。

圖 **6-93**：高可用性精靈

進入「選取角色」頁面，在選取您要設定高可用性的角色中，點選「虛擬機器」，點選「下一步」。

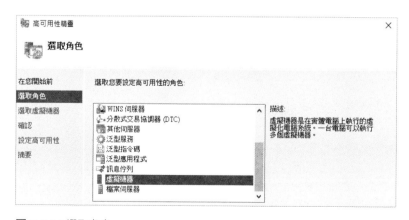

圖 **6-94**：選取角色

進入「選取虛擬機器」頁面，在選取您想要設定以取得高可用性的虛擬機器中，勾選「Nano-2」虛擬機，點選「下一步」。

圖 **6-95**：選取虛擬機器

確認資訊無誤後，點選「下一步」。

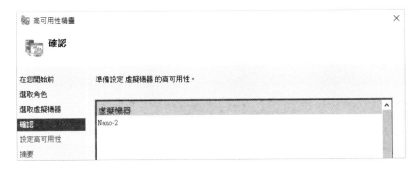

圖 **6-96**：確認

進入「摘要」頁面，高可用性已建立完成，但在警告中可看到，因為此虛擬機的儲存位置是在 Nano-S2D_01 上，而非在叢集的共用磁碟區中，所以基本上此虛擬機並無高可用性的功能，也可點選「檢視報告」來看詳細的報告。點選「完成」。

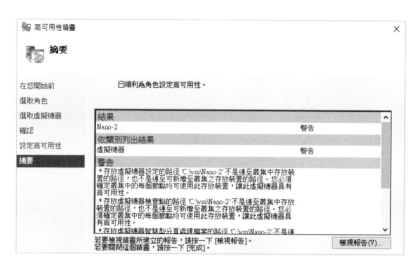

圖 6-97：摘要

我們可看到此 Nano-2 虛擬機的擁有者節點為 Nano-S2D_01，接著以滑鼠右鍵點選「Nano-2」虛擬機，再點選「移動」，然後點選「即時移轉」，最後點選「最佳可行節點」。

圖 6-98：即時移轉 Nano-2 虛擬機

此時將發現，我們無法使用即時移轉來移轉 Nano-2 虛擬機，其擁有者節點還是 Nano-S2D_01。因為其虛擬機是建置於 Nano-S2D_01 上，而非叢集的共用磁碟區中。

圖 6-99：無法即時移轉 Nano-2 虛擬機

因為不是建置在叢集共用磁碟區中的虛擬機，就無法讓叢集的節點都可讀取此虛擬機的建置目錄，因此我們要先在叢集共用磁碟區中建立 Nano-2 的目錄。如下圖所示，我們開啟檔案總管，鍵入 \\192.168.1.11\c$\ClusterStorage\Volume1\，在此路徑下建置 Nano-2 目錄。

圖 6-100：在叢集共用磁碟區中建立 Nano-2 目錄

回到容錯移轉叢集管理員中，以滑鼠右鍵點選「Nano-2」虛擬機，再點選
「移動」，點選「虛擬機器存放裝置」。

圖 6-101：移轉虛擬機器存放裝置

在叢集存放裝置中，點選「Nano-2」目錄，然後將虛擬機器 Nano-2 整個拖
曳至右下方名稱內，點選「開始」。

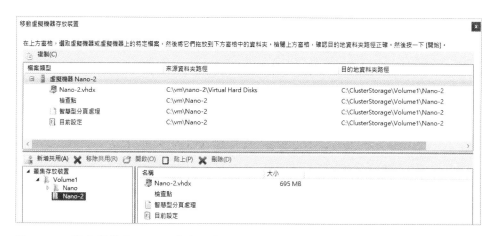

圖 6-102：將虛擬機器 Nano-2 拖曳至叢集存放裝置中

開始移轉 Nano-2 虛擬機的存放裝置。

圖 6-103：移轉存放裝置進行中

存放裝置移轉完成後，此虛擬機已具備高可用性了，目前 Nano-2 虛擬機的擁有者節點為 Nano-S2D_01，這時我們再來移轉虛擬機看看。以滑鼠右鍵點選「Nano-2」虛擬機，再點選「移動」，然後點選「即時移轉」，最後點選「最佳可行節點」。

圖 6-104：即時移轉 Nano-2 虛擬機

Nano-2 虛擬機即時移轉進行中。

圖 **6-105**：即時移轉進行中

移轉完後，可以看到目前 Nano-2 虛擬機的擁有者節點已經改為 Nano-S2D_03 了。

圖 **6-106**：Nano-2 虛擬機移轉至 Nano-S2D_03 上

6·4 水平擴充超融合容錯移轉叢集

在本章一開始介紹超融合容錯移轉叢集時，提到其好處之一便是能夠達成水平擴充（Scale-Out）的運作架構，只要增加容錯移轉叢集中的節點，便可同時增加整體的儲存空間和運算資源，且新加入的叢集節點將會自動進行儲存資源的負載平衡作業，所以本節就要介紹如何對超融合容錯移轉叢集作水平的擴充。

之前已經建立好三個由 Nano Server 作節點的超融合容錯移轉叢集，現在我們一樣使用 Nano Server 再多準備一個節點，名為 Nano-S2D_04。一樣具備兩個網段：172.10.10.X 為 Heartbeat 網段，另一個 192.168.1.X 為使用 RDMA 的 Service 網段。

圖 **6-107**：欲新增的 Nano-S2D_04 節點

而 Nano-S2D_04 節點一樣配置 5 個磁碟，SSD 64GB 兩個，SATA 128GB 3 個。要擴充再加入既有叢集的節點，其規格盡量跟之前節點的一樣，如果真的無法一模一樣，也盡量不要差距太大。

圖 **6-108**：欲新增的 Nano-S2D_04 節點磁碟配置

要增加的節點準備好後，我們即可開始將它新增至現有的叢集中。在 GUI
Server 上開啟「容錯移轉叢集管理員」，在設定中點選「新增節點」。

圖 6-109：新增 Nano-S2D_04 節點

開啟「新增節點精靈」，點選「下一步」。

圖 6-110：新增節點精靈

進入「選取伺服器」頁面，在輸入伺服器名稱中，使用「瀏覽」找到要新增的節點，點選「下一步」。

圖 6-111：選取伺服器

進入「驗證警告」頁面，點選「是。當我按〔下一步〕時，執行設定驗證測試，然後返回新增節點至叢集的程序」，點選「下一步」。

圖 6-112：驗證警告

開啟「驗證設定精靈」，點選「下一步」。

圖 **6-113**：驗證設定精靈

進入「測試選項」頁面，點選「執行所有測試（建議選項）」，點選「下一步」。

圖 **6-114**：測試選項

進入「確認」頁面，確認資訊無誤後，點選「下一步」。

圖 **6-115**：確認

驗證測試進行中。

圖 **6-116**：驗證測試進行中

進入「摘要」頁面，驗證測試完成，可點選「檢視報告」來看詳細的報告。
點選「完成」。

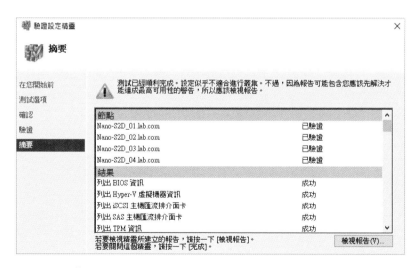

圖 **6-117**：摘要

進入「確認」頁面，勾選「新增適合的儲存裝置到叢集」，點選「下一步」。

圖 6-118：確認

進入「設定叢集」頁面，正新增節點至叢集。

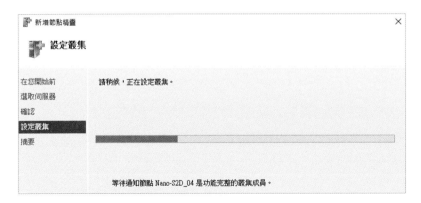

圖 6-119：叢集新增節點進行中

進入「摘要」頁面，已成功新增了 Nano-S2D_04 節點至叢集中，可點選「檢視報告」來看詳細報告。點選「完成」。

圖 6-120：新增節點完成

點選「節點」，可看到 Nano-S2D 叢集中，已有 Nano-S2D_01、Nano-S2D_02、Nano-S2D_03 與 Nano-S2D_04 四個節點。

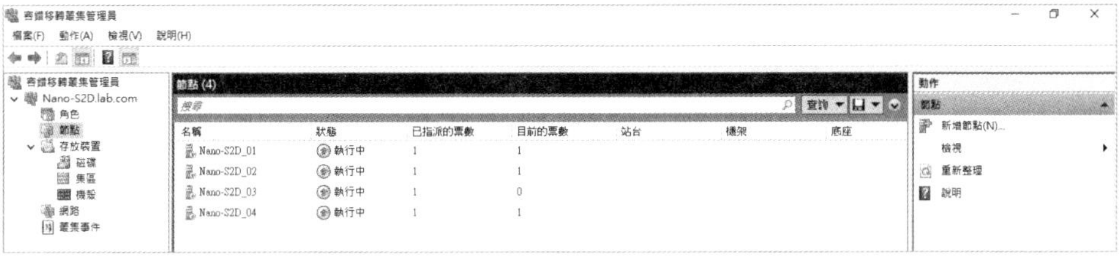

圖 6-121：Nano-S2D 叢集中的節點

超融合容錯移轉叢集中，只要將節點新增至叢集，其節點上的磁碟將會自動的加入至叢集的 Storage Pool 存放集區中。我們待 30 分鐘後，點選叢集中的「存放裝置」裡的「集區」，可看到 S2DPool 容量由 1.48TB 增加到 1.98TB。

圖 6-122：叢集集區已增加

叢集的集區容量增加後，再來我們就要擴增虛擬磁碟，將虛擬磁碟擴增之後，再來要將叢集共用磁碟區擴增，才完成所有的步驟，而在要執行這些步驟前，我們先要將叢集共用磁碟區轉為維護模式。點選「存放裝置」裡的「磁碟」，以滑鼠右鍵點選「vDisk」叢集共用磁碟區，再點選「其他動作」，點選「開啟維護模式」。

圖 6-123：開啟叢集共用磁碟區維護模式

跳出提示視窗，點選「是」。

圖 6-124：提示視窗

在「狀態」中可看到，叢集共用磁碟區目前不允許存取，過一會會進入維護模式。

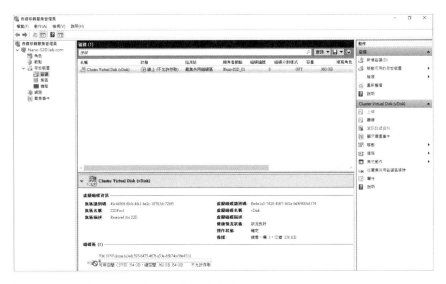

圖 6-125：叢集共用磁碟區已進入維護模式

現在就開始擴增虛擬磁碟。因為我們的虛擬磁碟啟用了儲存層的功能，所以沒辦法使用 GUI 的介面來擴增，必須使用 PowerShell 指令。

之前建立虛擬磁碟時，在 GUI 介面上呈現的是，效能層與容量層即 Performance 與 Capacity，在此我們將效能層擴增至 120GB，容量層擴增至 360GB，總共為 480GB 的虛擬磁碟。在 GUI 上伺服器管理員中，點選「所有伺服器」，以滑鼠右鍵點選「Nano-S2D_01」伺服器後，點選「Windows PowerShell」，開啟在 Nano-S2D_01 上的 PowerShell 指令模式。

圖 6-126：開啟在 Nano-S2D_01 上的 PowerShell 指令模式

進 入 Nano-S2D_01 的 PowerShell 指 令 模 式 中， 鍵 入 Get-StorageTier
vDisk_Performance | Resize-StorageTier -Size 120GB 後 按 Enter 鍵，將
虛擬磁碟 vDisk 的效能層擴增至 120GB；再鍵入 Get-StorageTier vDisk_
Capacity | Resize-StorageTier -Size 360GB 後 按 Enter 鍵，將 虛 擬 磁 碟
vDisk 的容量層擴增至 360GB；鍵入 Get-VirtualDisk vDisk 按 Enter 鍵，
查看 vDisk 虛擬磁碟的資訊，可看到已經擴增為 480GB 了。

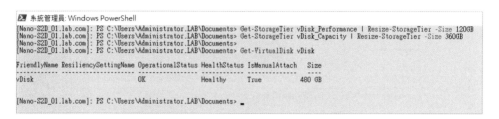

圖 6-127：使用 PowerShell 擴增 vDisk 虛擬磁碟

擴增完虛擬磁碟後，我們便可使用 GUI 的介面來擴增叢集共用磁碟區了。回
到 GUI 的伺服器管理員中，點選「檔案和存放服務」，再點選「磁碟區」，以
滑鼠右鍵點選「Nano-S2D」叢集下的磁碟 D，點選「延伸磁碟區」。

圖 6-128：延伸叢集共用磁碟區

在延伸磁碟區視窗中,在「新大小」中鍵入要擴增的大小,完成後點選「確定」。

圖 6-129:鍵入擴增大小

即可看到 Nano-S2D 叢集下的磁碟 D,容量已擴增為 480GB。

圖 6-130:叢集共用磁碟區擴增完成

叢集共用磁碟區擴增完後，我們要將叢集共用磁碟區的維護模式關閉。回到容錯移轉叢集管理員，點選「存放裝置」裡的「磁碟」，以滑鼠右鍵點選「叢集共用磁碟區」，再點選「其他動作」，點選「關閉維護模式」。

圖 6-131：關閉叢集共用磁碟區維護模式

維護模式關閉，至此整個超融合容錯移轉叢集，新增一個節點完成。依此方式，便可作超融合容錯移轉叢集的水平擴充，官方公布最大可擴增至 16 個節點。

圖 6-132：叢集共用磁碟區維護模式關閉

融合型容錯移轉叢集

7

所謂融合容錯移轉叢集，經由底層的儲存資源是採用「超融合」的方式，將多座伺服器的本地端硬碟結合成為一個大的儲存資源池，然後，再透過其上的 SOFS（Scale-Out File Server）叢集節點，把掛載的儲存資源以 SMB 3.0 協定將儲存資源分享給 Hyper-V 容錯移轉叢集。

企業或組織若採用「融合型」部署模式，便是將「運算（Compute）、儲存（Storage）、網路（Network）」等資源全部「分開」進行管理，也就是將 Hyper-V 及 S2D 技術都運作在「不同」的容錯移轉叢集環境中，適合用於中大型規模的運作架構，其架構圖如下：

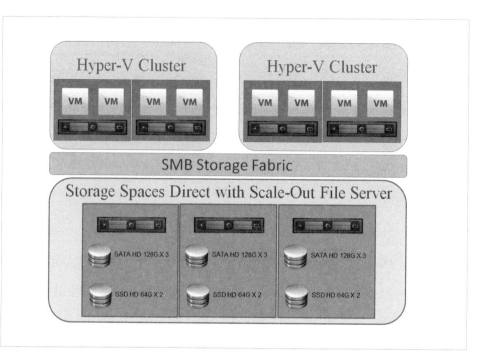

圖 **7-1**：融合型超融合容錯移轉叢集架構

融合型的架構，也就是在上一章中，建立好一個超融合的架構後，這個超融合就當作一個儲存資源池，如果儲存空間不夠，就再加節點進入此超融合中，而在這個叢集中建立一個 File Server，以檔案共用的方式，提供共用儲存給前端另外多個的 Hyper-V 叢集。這個架構是運用在比較大型的系統，將運算資源與儲存資源分開管理，一旦缺運算資源就單獨增加運算資源，如果是缺儲存資源就單獨擴增儲存資源。以下舉一個架構配置的例子，讀者看了也許就可以理解，為何融合型的架構是用在比較大型的系統上。

如表 7-1，此系統共有四組 Hyper-V 叢集再加一個超融合叢集，Hyper-V 叢集分別有 DMZ Cluster、AP Cluster、Data Cluster 與管理 Cluster。而每個叢集都需要共用儲存，所以如此的架構如果使用超融合來建置，在共用儲存的部分會相當的不具彈性，但如果使用融合型的架構，那在共用儲存的部分就很彈性了，當共用儲存資源不夠時，只要擴增超融合架構部分的節點即可。

表7-1：系統配置表

ZONE	HOST NAME	VM NAME	CPU	MEMORY	HOST DISK	VM DISK	OS	APPLICATION	SOFTWARE	STORAGE
DMZ 區	PSR01		12Core	96G	300G		Win2016	實體主機	DMZ Cluster01	350G
		WEB01	12Core	32G		200G	Win2016	Web	Apache	
	PSR02		12Core	96G	300G		Win2016	實體主機	DMZ Cluster02	350G
		WEB02	12Core	32G		200G	Win2016	Web	Apache	
	PSR03		12Core	224G	300G		Win2016	實體主機	AP Cluster01	1.74T
		JBS01	12Core	64G		500G	Win2016	AP	Jboss	
AP 區		FIL01	12Core	4G		1024G	Win2016	File Server	Windows	
	PSR04		12Core	224G	300G		Win2016	實體主機	AP Cluster02	1.74T
		JBS02	12Core	64G		500G	Win2016	AP	Jboss	
Data 區	PSR05		12Core	192G	300G		Win2016	實體主機	Data Cluster01	5T
		SQL01	12Core	128G		300G	Win2016	SQL Server	SQL 2016	
	PSR06		12Core	192G	300G		Win2016	實體主機	Data Cluster02	5T
		SQL02	12Core	128G		300G	Win2016	SQL Server	SQL 2016	
管理區	PSR07		12Core	96G	300G		Win2016	實體主機	管理 Cluster01	1.7T
		SOC01	12Core	16G		500G	Win2016	Log collect connector	Arcsight Connector	
		AD01	12Core	4G		100G	Win2016	AD	Win 2016 AD	
		WSUS	12Core	8G		500G	Win2016	WSUS	Win 2016 WSUS	
	PSR08		12Core	96G	300G		Win2016	實體主機	管理 Cluster02	900G
		AD02	12Core	4G		100G	Win2016	AD	Win 2016 AD	
		MAIL	12Core	8G		500G	CebtOS	MAIL	Sendmail	
		VMM	12Core	16G		500G	Win2016	VMM	SCVMM 2016	

本章實作的範例如圖 7-1 的架構，將採用前章所建立的超融合叢集，在其中建立一個使用 SOFS（Scale-Out File Server）的 File Server 作為儲存共用資源。在前端使用 Nano Server 建立兩個 Hyper-V 的叢集，一個作為 AP Cluster 叢集，一個作為 DB Cluster 叢集，並在上面建立一組 AP 範例，此範例我們將採用 Java 開發的程式，搭配後端 SQL Server 資料庫。因此我們會在 AP Cluster 叢集中建置一台 Server Core 的虛擬機，上面安裝 JDK 與 Tomcat Web Server，在 DB Cluster 叢集中建立兩台 Server Core 的虛擬機，採用 SMB 檔案共用的方式建立 SQL Server Cluster。

7·1 部署融合型容錯移轉叢集的 Hyper-V 叢集

本實作範例中我們將準備四個 Nano Server 來作為叢集的節點，每個 Nano Server 要勾選 Hyper-V、Windows PowerShell Desired State Configuration、容錯移轉叢集服務、檔案伺服器角色與其他儲存元件。

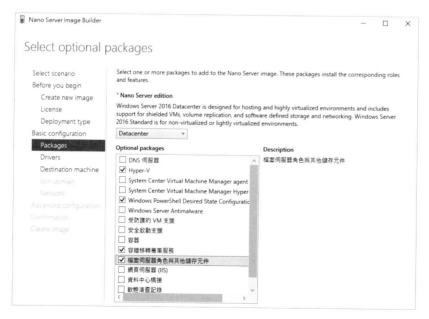

圖 7-2：勾選 Nano Server 的功能

依據前面章節的操作，將四個 Nano Server 分別設定為：AP-01 及 AP-02，
具有兩個網段，192.168.2.XX 為 Service 網段，172.10.20.XX 為 Heartbeat
網段；DB-01 及 DB-02，具有兩個網段，192.168.3.XX 為 Service 網段，
172.10.30.XX 為 Heartbeat 網段，並收入由 GUI 的伺服器管理員納管。

圖 **7-3**：GUI 伺服器管理員納管

使用電腦管理工具，將 Admin 的帳號，分別加入至 AP-01、AP-02、DB-01
與 DB-02 的 Administrator 群組中。

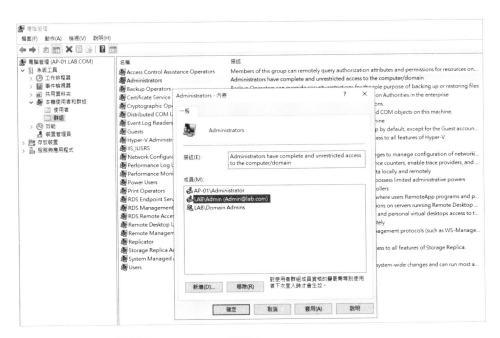

圖 **7-4**：將 Admin 新增至 Administrator 群組中

現在我們便要開始建立兩個叢集：一個為 AP 叢集，一個為 DB 叢集。

先前的範例我們都是採用容錯移轉叢集管理員的圖形介面來建立，本次採用 PowerShell 的方式來建立，以 PowerShell 的方式來建立叢集，當然比使用 GUI 介面要快速許多。

建立之前一樣要先作叢集測試，以系統管理員身分開啟 GUI 上 PowerShell 的指令模式，在其中鍵入 Test-Cluster -Node AP-01,AP-02 -Include "Hyper-V 設定 "," 系統設定 "," 清查 "," 網路 " 後按 Enter 鍵，開始進行測試 AP-01 與 AP-02 兩個節點建立叢集。因本次是採用 SMB 作為叢集的共用儲存，所以我們不需針對「存放裝置」作測試。

圖 **7-5**：AP-01 與 AP-02 兩個節點建立叢集測試

叢集測試完成。

```
PS C:\Users\Administrator.LAB> Test-Cluster -Node AP-01,AP-02 -Include "Hyper-V 設定","系統設定","清查","網路"

Mode                LastWriteTime         Length Name
----                -------------         ------ ----
-a----        2018/6/24  上午 11:13        344513 驗證報告 2018.06.24 於 11.12.40.htm

PS C:\Users\Administrator.LAB> _
```

圖 **7-6**：叢集測試完成

可開啟驗證報告，來看詳細的測試結果。

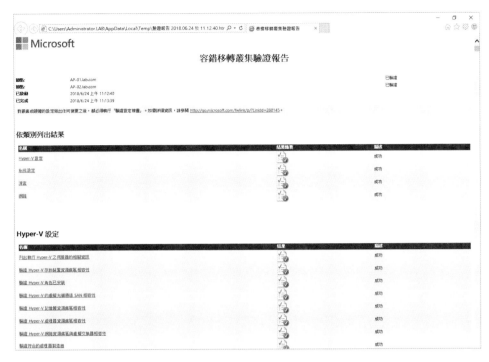

圖 **7-7**：容錯移轉叢集驗證報告

叢集驗證的測試完成後，我們就開始建立叢集。鍵入 New-Cluster -Name AP-Cluster -Node AP-01,AP-02 -NoStorage -StaticAddress 192.168.2.10 後按 Enter 鍵來建立名為 AP-Cluster 的叢集，VIP 為 192.168.2.10，不使用共用磁碟區。

圖 **7-8**：建立叢集

一樣可開啟報告，來看詳細的建立結果。剛在建立完後，有警告的訊息，看完報告後確認是因為沒有設定叢集見證磁碟，因為我們要使用 SMB 來作叢集的磁碟共用，所以見證的部分待後章節再建立。

圖 7-9：建立叢集報告

AP 叢集建立完後，依同樣方式再建立 DB 叢集，完成後開啟「容錯叢集移轉管理員」，便可看到已建立好的 AP-Cluster 與 DB-Cluster 兩個 Hyper-V 叢集。

圖 7-10：容錯叢集移轉管理員建立的叢集

7·2 部署融合型容錯移轉叢集的共用儲存

我們依前章所建立的 Nano-S2D 超融合叢集，來延伸使用，以其作為融合型容錯移轉叢集的共用儲存。我們要先將之前 Nano-S2D 超融合叢集的三個節點 Nano-S2D_01、Nano-S2D_02 與 Nano-S2D_03，分別安裝 File Server 的角色。

圖 **7-11**：安裝 File Server 角色

再來我們要在此叢集上建立 1 台採用 SOFS（Scale-Out File Server）的 File Server。在 GUI 上的「容錯移轉叢集管理員」中，於 Nano-S2D 叢集下，以滑鼠右鍵點選「角色」，點選「設定角色」。

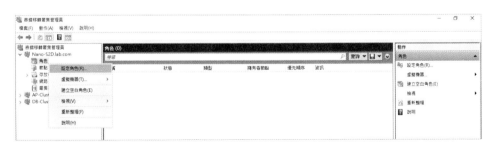

圖 **7-12**：設定叢集角色

開啟「高可用性精靈」，點選「下一步」。

圖 **7-13**：高可用性精靈

進入「選取角色」頁面，在選取您要設定高可用性的角色中，點選「檔案伺服器」後點選「下一步」。

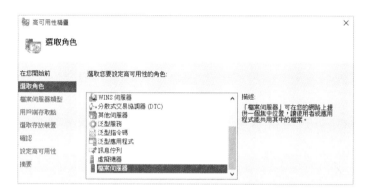

圖 **7-14**：選取角色

進入「檔案伺服器類型」頁面，在為叢集檔案伺服器選取一個選項中，點選「用於應用程式資料的向外延展檔案伺服器」後，點選「下一步」。

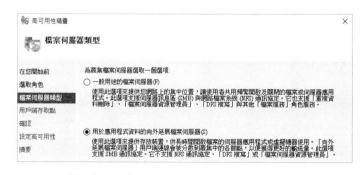

圖 **7-15**：檔案伺服器類型

進入「用戶端存取點」頁面，在名稱中鍵入檔案伺服器的名稱，點選「下一步」。

圖 **7-16**：用戶端存取點

進入「確認」頁面，確認資訊無誤後，點選「下一步」。

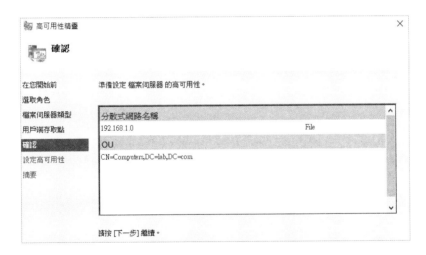

圖 **7-17**：確認

進入「摘要」頁面，將檔案伺服器設定為高可用性，點選「完成」。

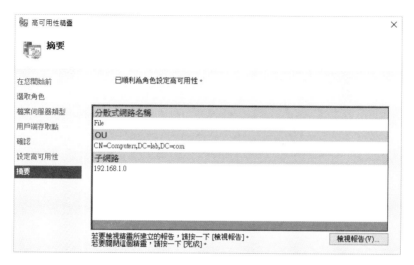

圖 7-18：摘要

此即建立好了一個 File Server，我們要用這個 File Server 來建立共用目錄，以便提供給前端 AP-Cluster 與 DB-Cluster 兩個 Hyper-V 叢集的共用儲存。

圖 7-19：建立好的 File Server

在建立好 File Server 後，我們先建立要共用的目錄。開啟檔案總管，鍵入路徑 \\192.168.1.11\c$\ClusterStorage\Volume1\，在此路徑下建立 AP Cluster 與 DB Cluster 兩個目錄，作為 AP Cluster 與 DB Cluster 兩個叢集的共用儲存；再建立 AP Quorum 與 DB Quorum 兩個目錄，作為 AP Cluster 與 DB Cluster 的見證磁碟。

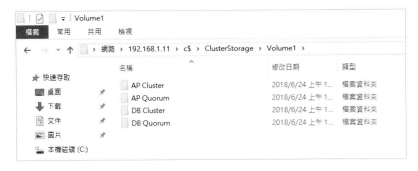

圖 7-20：建立叢集需要共用的目錄

以滑鼠右鍵點選「File 」角色，點選「新增檔案共用」。

圖 7-21：設定 File Server 的共用

開「啟新增共用精靈」，在檔案共用設定檔中，點選「SMB 共用 - 應用程式」，點選「下一步」。

圖 7-22：選取此共用的設定檔

進入「選取此共用的伺服器和路徑」頁面，在伺服器中點選「file」，於共用位置中點選「輸入自訂路徑」並鍵入路徑，完成後點選「下一步」。

圖 **7-23**：選取此共用的伺服器和路徑

進入「指定共用名稱」頁面，在「共用名稱」中鍵入共用名稱，完成後點選「下一步」。

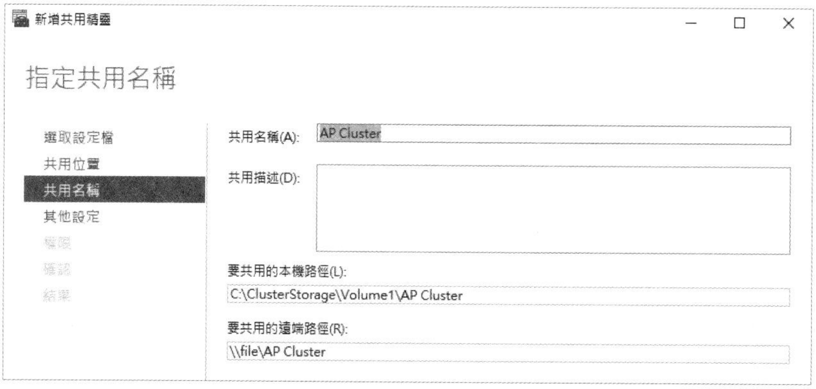

圖 **7-24**：指定共用名稱

進入「設定共用設定」頁面，勾選「啟用持續可用性」，點選「下一步」。

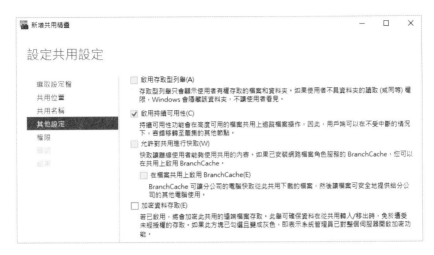

圖 **7-25**：設定共用設定

進入「設定權限以控制存取權」頁面，點選「自訂權限」。

圖 **7-26**：設定權限以控制存取權

點選「停用繼承」。

圖 7-27：進階安全性設定

留下 CREATOR OWNER 與 SYSTEM 兩個權限，其餘的刪掉，完成後點選「新增」。

圖 7-28：刪除不需要的權限並新增

新增 Domain Admins 與 Admin 完全控制的權限，點選「新增」。

圖 **7-29**：新增權限

在新增權限時，點選「物件類型」，再勾選「電腦」後點選「確定」。

圖 **7-30**：新增電腦物件

新增 AP-Cluster、AP-01 與 AP-02 三個 Server 的完全控制，點選「共用」。

圖 7-31：新增 Server 權限

將 Everyone 刪除，點選「新增」。

圖 7-32：新增共用權限

依相同方式，新增 Domain Admins 與 Admin 兩個帳號完全控制權限，和 AP-Cluster、AP-01 與 AP-02 三個 Server 的完全控制權限，完成後點選「確定」。

圖 7-33：新增帳號與 Server 的權限

自訂權限設定完後，點選「下一步」。

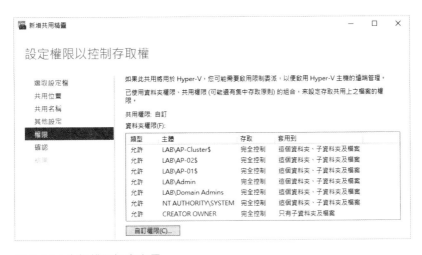

圖 7-34：自訂權限設定完畢

進入「確認選取項目」頁面，確認資訊無誤後，點選「建立」。

圖 **7-35**：確認選取項目

建立共用完成，點選「關閉」。

圖 **7-36**：建立共用完成

依上述一樣的設定方式，再設定 AP Quorum 的共用。開啟「伺服器管理員」，點選「檔案和存放服務」後，點選「共用」，可看到在 File Server 已建立了 AP Cluster 與 AP Quorum 兩個目錄共用。

圖 **7-37**：File Server 上建立的共用目錄

依上述同樣的設定方式，再設定 DB Cluster 叢集的共用目錄，但這次權限與共用的部分，帳號一樣設定 Domain Admins 與 Admin 完全控制權限，而 Server 的部分設定 DB-Cluster、DB-01 與 DB-02 完全控制的權限。

圖 **7-38**：DB Cluster 設定的權限

在設定 DB Quorum 的權限與共用的部分，帳號也一樣設定 Domain Admins 與 Admin 完全控制權限，Server 的部分設定 DB-Cluster、DB-01 與 DB-02 完全控制的權限。

圖 **7-39**：DB Quorum 設定的權限

再開啟伺服器管理員，點選「檔案和存放服務」後，點選「共用」，可看到在 File Server 已建立了 AP Cluster、AP Quorum、DB Cluster 與 DB Quorum 四個共用目錄。

圖 **7-40**：File Server 上建立的 4 個共用目錄

建立好共用目錄後，我們要將 SMB 協定委派給這些使用的 Server。在伺服器管理員中，點選右上方的「工具」，點選「Active Directory 使用者和電腦」。

圖 **7-41**：開啟 Active Directory 使用者和電腦

在左方 lab.com 的目錄中點選「Computers」，再以滑鼠右鍵點選「File」，點選「內容」。

圖 **7-42**：開啟 File Server 內容

點選上方「委派」，再點選「信任這台電腦，但只委派指定的服務」後，點選「使用任何驗證通訊協定」，並新增 對 AP-Cluster、AP-01、AP-02、DB-Cluster、DB-01 與 DB-02 的 cifs 服務類型，最後點選「確定」。

圖 **7-43**：新增委派服務

在 AP-Cluster 中委派對 AP-01、AP-02 與 File 的 cifs 服務。

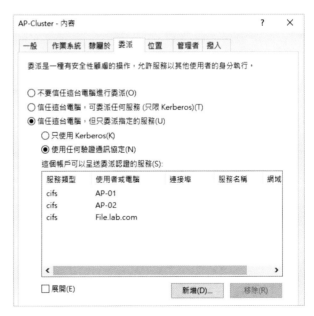

圖 **7-44**：AP-Cluster 的委派服務

在 AP-01 中委派對 AP-Cluster、AP-02 與 File 的 cifs 服務。

圖 **7-45**：AP-01 的委派服務

在 AP-02 中委派對 AP-Cluster、AP-01 與 File 的 cifs 服務。

圖 **7-46**：AP-02 的委派服務

在 DB-Cluster 中委派對 DB-01、DB-02 與 File 的 cifs 服務。

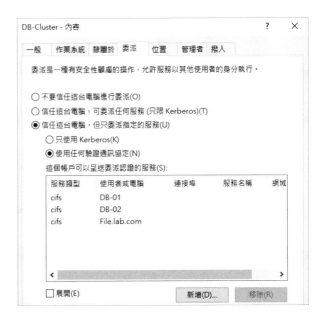

圖 **7-47**：DB-Cluster 的委派服務

在 DB-01 中委派對 DB-Cluster、DB-02 與 File 的 cifs 服務。

圖 **7-48**：DB-01 的委派服務

在 DB-02 中委派對 DB-Cluster、DB-01 與 File 的 cifs 服務。委派 cifs 服務設定完需將 Nano Server 重啟才會生效。

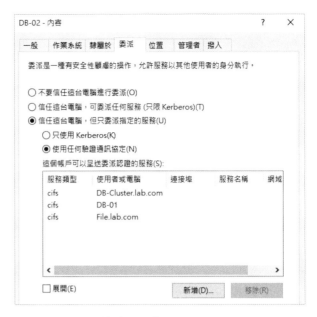

圖 **7-49**：DB-02 的委派服務

以上工作完成後，就要來設定 AP-Cluster 與 DB-Cluster 兩個 Hyper-V 叢集的見證磁碟。在容錯移轉叢集管理員中，以滑鼠右鍵點選「AP-Cluster」叢集，再點選「其他動作」，點選「設定叢集仲裁設定」。

圖 **7-50**：設定 AP-Cluster 磁碟仲裁

開啟「設定叢集仲裁精靈」，點選「下一步」。

圖 **7-51**：設定叢集仲裁精靈

進入「選取仲裁設定選項」頁面，點選「選取仲裁見證」，點選「下一步」。

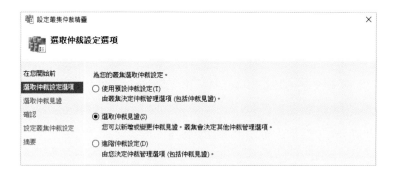

圖 **7-52**：選取仲裁設定選項

進入「選取仲裁見證」頁面，點選「設定檔案共用見證」，點選「下一步」。

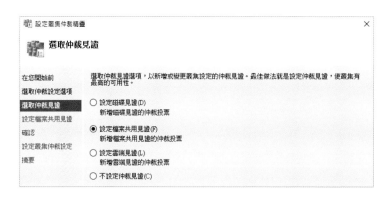

圖 **7-53**：選取仲裁見證

進入「設定檔案共用見證」頁面，在檔案共用路徑中鍵入路徑，點選「下一步」。

圖 7-54：設定檔案共用見證

進入「確認」頁面，確認資訊無誤後，點選「下一步」。

圖 7-55：確認

進入「摘要」頁面，設定完成，點選「完成」。

圖 **7-56**：摘要

依同樣的設定方式，設定 DB-Cluster 叢集的檔案共用見證為 \\File\DB
Quorum。

圖 **7-57**：DB-Cluster 的檔案共用見證

至此整個融合型超融合容錯移轉叢集架構就建立完成了，接下來我們將要在
Hyper-V 的叢集上來部署虛擬機。

7·3 融合型容錯移轉叢集實作

本節要實作融合型容錯移轉叢集，我們將要在 AP-Cluster 的 Hyper-V 叢集中建立一台 Server Core 的虛擬機，然後在上面安裝 JDK 8.0 與 Tomcat Web Server8.0，並且安裝一個非常簡單使用 Java 開發的帳號認證小程式。

而在 DB-Cluster 的 Hyper-V 叢集中將建立兩台 Server Core 的虛擬機，在上面安裝採用 SMB 檔案共用來建立一組 SQL Server Cluster，作為前端應用程式的 DB。

7·3·1 Web Server 虛擬機的部署

我們一樣要先使用 Admin 的帳號登入 GUI Server 來操作。

圖 7-58：使用 Admin 帳號登入

開啟「容錯移轉叢集管理員」，以滑鼠右鍵點選「AP-Cluster」叢集中的「角色」，再點選「虛擬機器」，點選「新增虛擬機器」。

圖 **7-59**：在 AP-Cluster 中新建虛擬機

選取用於建立虛擬機器的目標叢集節點，點選要建立虛擬機的節點，點選「確定」。

圖 **7-60**：選取用於建立虛擬機器的目標叢集節點

開啟「新增虛擬機器精靈」，點選「下一步」。

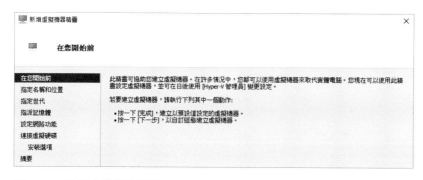

圖 **7-61**：新增虛擬機器精靈

進入「指定名稱和位置」頁面，在「名稱」中鍵入虛擬機的名稱，勾選「將虛擬機器儲存在不同位置」，在「位置」中鍵入我們儲存共用的路徑，完成後點選「下一步」。

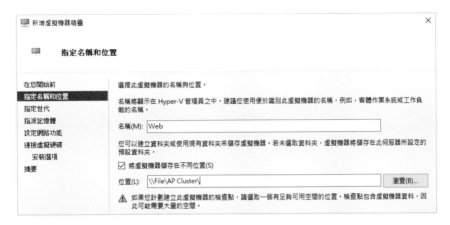

圖 **7-62**：指定名稱和位置

進入「指定世代」頁面，點選「第 2 代」後點選「下一步」。

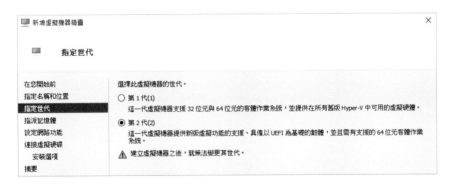

圖 **7-63**：指定世代

進入「指派記憶體」頁面，在「啟動記憶體」中鍵入要指派的記憶體大小，
此處以 MB 為單位，點選「下一步」。

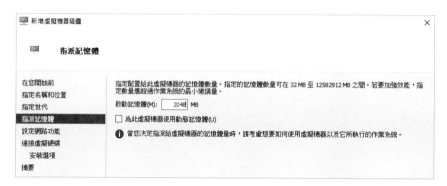

圖 **7-64**：指派記憶體

進入「設定網路功能」頁面，在連線中選取要使用的虛擬交換器，點選「下一
步」。

圖 **7-65**：設定網路功能

進入「連接虛擬硬碟」頁面，點選「稍後連結虛擬硬碟」，點選「下一步」。

圖 **7-66**：連接虛擬硬碟

進入「完成新增虛擬機器精靈」頁面，確認資訊無誤後，點選「完成」。

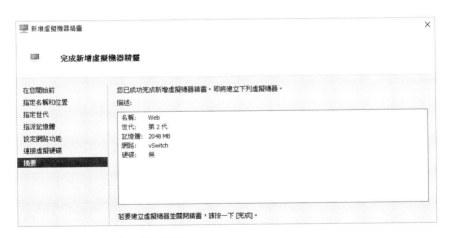

圖 **7-67**：完成新增虛擬機器精靈

進入「摘要」頁面，完成建立虛擬機，並設定為高可用性，點選「完成」。

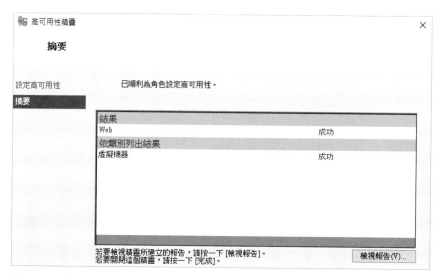

圖 **7-68**：摘要

即可看到已在 AP-01 節點上建立好一個名為 Web 的虛擬機。

圖 **7-69**：Web 虛擬機

虛擬機建立好後，再來便是作設定，然而在設定之前，我們要先將如先前
章節中所述建立好的 Server Core 硬碟檔 vhdx，Copy 至此虛擬機的目錄
中。在 GUI Server 上開啟檔案總管，在路徑中鍵入 \\192.168.1.11\c$\
ClusterStorage\Volume1\AP Cluster\Web，為了方便管理，在 Web 的目
錄中預設有 Virtual Machines 的目錄，用來存此 VM 的設定檔，我們再建一
個 Virtual Hard Disks 的目錄，用來存放硬碟檔。

圖 **7-70**：在 Web 下建立 Virtual Hard Disks 目錄

將 Server Core 的硬碟檔 Copy 至剛建立的 Virtual Hard Disks 目錄內，並更名為 Web.vhdx。

圖 **7-71**：將硬碟檔 Copy 至 Virtual Hard Disks 目錄內

回到「容錯移轉叢集管理員」中，以滑鼠右鍵點選「Web」虛擬機，點選「設定」。

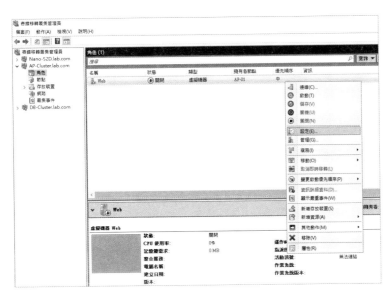

圖 **7-72**：設定 Web 虛擬機

左邊硬體的部分首先調整處理器的數目，點選「SCSI Controller」，在右邊
SCSI 控制器中點選「硬碟」後，點選「新增」。

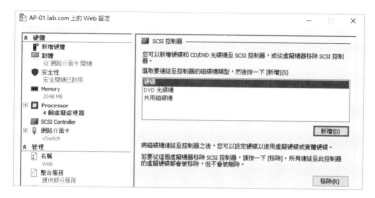

圖 7-73：新增硬碟

點選「虛擬硬碟」，並在路徑中鍵入我們剛才 Copy 的硬碟檔路徑，點選
「套用」。

圖 7-74：鍵入硬碟檔路徑

在左邊硬體的部分點選「韌體」，右邊開機順序中，將硬碟「上移」至最上層，由硬碟開機，點選「確定」。

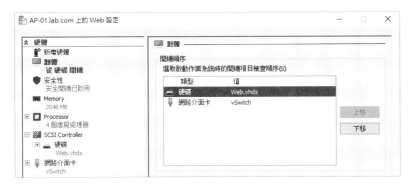

圖 **7-75**：在韌體中設定由硬碟開機

以上便完成此 Web 虛擬機的建立與設定。現在我們將虛擬機啟動，以滑鼠右鍵點選「Web」虛擬機，點選「啟動」。

圖 **7-76**：啟動 Web 虛擬機

Web 虛擬機啟動後，再以滑鼠右鍵點選，點選「連線」，則進入虛擬機設定。

圖 7-77：連線進入 Web 虛擬機

因這個硬碟檔我們之前在製作時有作 Sysprep，所以要先鍵入 Administrator
帳號的密碼。

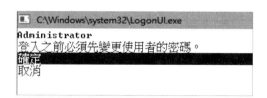

圖 7-78：鍵入 Administrator 密碼

登入系統，鍵入 sconfing 後按 Enter 鍵，進入伺服器設定畫面，鍵入 7 後按
Enter 鍵，以開啟遠端桌面。

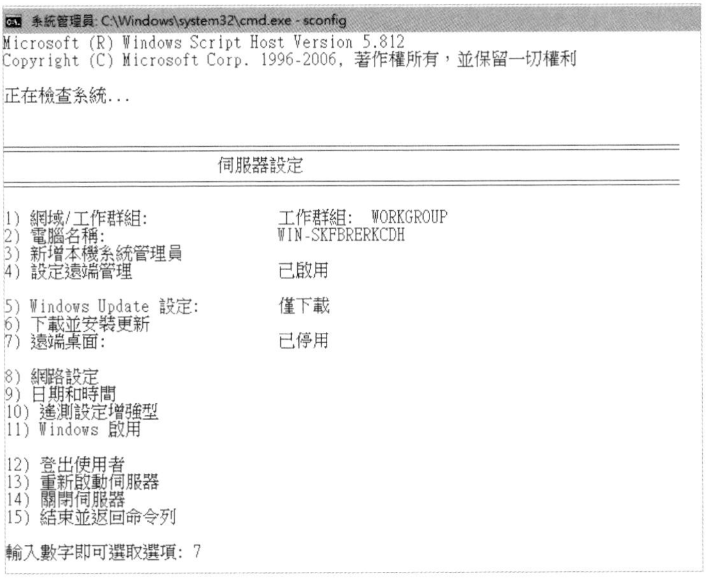

```
CTL  系統管理員: C:\Windows\system32\cmd.exe - sconfig
Microsoft (R) Windows Script Host Version 5.812
Copyright (C) Microsoft Corp. 1996-2006，著作權所有，並保留一切權利

正在檢查系統...


===================================================================
                          伺服器設定
===================================================================

1）網域/工作群組：            工作群組：  WORKGROUP
2）電腦名稱：                 WIN-SKFBRERKCDH
3）新增本機系統管理員
4）設定遠端管理               已啟用

5）Windows Update 設定：      僅下載
6）下載並安裝更新
7）遠端桌面：                 已停用

8）網路設定
9）日期和時間
10）遙測設定增強型
11）Windows 啟用

12）登出使用者
13）重新啟動伺服器
14）關閉伺服器
15）結束並返回命令列

輸入數字即可選取選項: 7
```

圖 7-79：開啟遠端桌面設定

鍵入 E 後按 Enter 鍵，啟用遠端桌面。

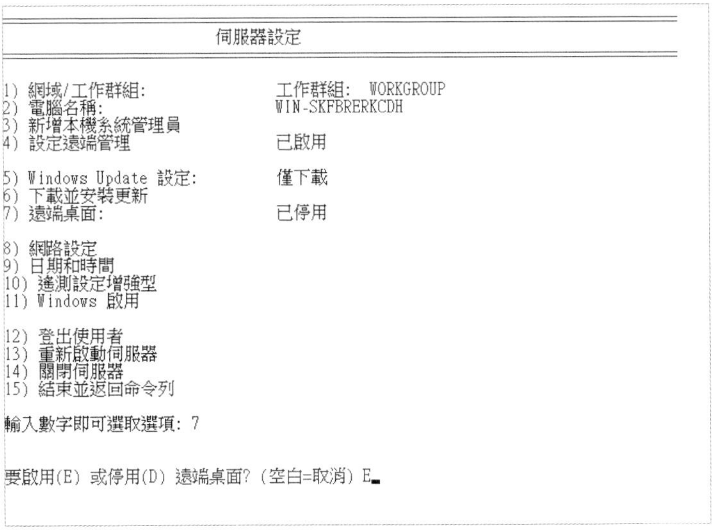

```
===================================================================
                          伺服器設定
===================================================================

1）網域/工作群組：            工作群組：  WORKGROUP
2）電腦名稱：                 WIN-SKFBRERKCDH
3）新增本機系統管理員
4）設定遠端管理               已啟用

5）Windows Update 設定：      僅下載
6）下載並安裝更新
7）遠端桌面：                 已停用

8）網路設定
9）日期和時間
10）遙測設定增強型
11）Windows 啟用

12）登出使用者
13）重新啟動伺服器
14）關閉伺服器
15）結束並返回命令列

輸入數字即可選取選項: 7

要啟用(E) 或停用(D) 遠端桌面?（空白=取消）E
```

圖 7-80：啟用遠端桌面

鍵入 1 後按 Enter 鍵，選擇
「僅允許透過網路層級驗證
執行遠端桌面的用戶端（較
安全）」。

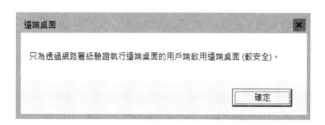
要啟用(E) 或停用(D) 遠端桌面?（空白=取消）E

1) 僅允許透過網路層級驗證執行遠端桌面的用戶端（較安全）

2) 允許執行任何遠端桌面版本的用戶端（較不安全）

輸入選擇: 1

圖 **7-81**：選擇需經驗證

跳出確認視窗，點選「確定」。

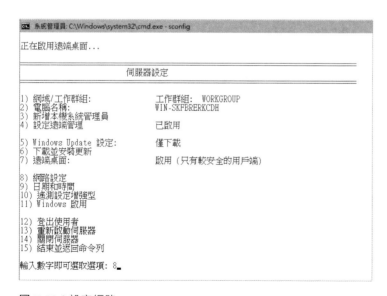

圖 **7-82**：確認視窗

鍵入 8 後按 Enter 鍵，以設定網路。

```
系統管理員: C:\Windows\system32\cmd.exe - sconfig

正在啟用遠端桌面...

                        伺服器設定

1) 網域/工作群組:           工作群組:  WORKGROUP
2) 電腦名稱:                WIN-SKFBRERKCDH
3) 新增本機系統管理員
4) 設定遠端管理             已啟用

5) Windows Update 設定:     僅下載
6) 下載並安裝更新
7) 遠端桌面:                啟用（只有較安全的用戶端）

8) 網路設定
9) 日期和時間
10) 遙測設定增強型
11) Windows 啟用

12) 登出使用者
13) 重新啟動伺服器
14) 關閉伺服器
15) 結束並返回命令列

輸入數字即可選取選項: 8
```

圖 **7-83**：設定網路

鍵入 1 後按 Enter 鍵，選擇要設定的網卡。

```
伺服器設定
========================================================

1) 網域/工作群組:            工作群組:   WORKGROUP
2) 電腦名稱:                WIN-SKFBRERKCDH
3) 新增本機系統管理員
4) 設定遠端管理              已啟用

5) Windows Update 設定:      僅下載
6) 下載並安裝更新
7) 遠端桌面:                啟用（只有較安全的用戶端）

8) 網路設定
9) 日期和時間
10) 遙測設定增強型
11) Windows 啟用

12) 登出使用者
13) 重新啟動伺服器
14) 關閉伺服器
15) 結束並返回命令列

輸入數字即可選取選項: 8


------------------------------------
        網路設定
------------------------------------


可用的網路介面卡

索引#          IP 位址        描述

  1           169.254.80.149  Microsoft Hyper-V Network Adapter

選取網路介面卡索引#（空白=取消）:  1_
```

圖 7-84：選擇要設定的網卡

鍵入 1 後按 Enter 鍵，設定網卡 IP 位址。

```
選取網路介面卡索引#（空白=取消）:  1

------------------------------------
     網路介面卡設定
------------------------------------


NIC 索引                    1
描述                       Microsoft Hyper-V Network Adapter
IP 位址                     169.254.80.149  fe80::656a:be88:4dc2:5095
子網路遮罩                   255.255.0.0
DHCP 已啟用                 True
預設閘道
慣用 DNS 伺服器
其他 DNS 伺服器

1) 設定網路介面卡位址
2) 設定 DNS 伺服器
3) 清除 DNS 伺服器設定
4) 返回主功能表

選取選項:  1
```

圖 7-85：設定網卡 IP 位址

鍵入 S 後按 Enter 鍵，選取靜態 IP
設定。

```
1) 設定網路介面卡位址
2) 設定 DNS 伺服器
3) 清除 DNS 伺服器設定
4) 返回主功能表

選取選項： 1

選取 DHCP(D)、靜態 IP(S) (空白=取消)： S
```

圖 7-86：靜態 IP 設定

鍵入欲設定之 IP 位址，按 Enter 鍵。

```
選取 DHCP(D)、靜態 IP(S) (空白=取消)： S

設定靜態 IP
輸入靜態 IP 位址： 192.168.2.20_
```

圖 7-87：鍵入 IP 位址

子網路遮罩使用預設值，直接按
Enter 鍵。

```
選取 DHCP(D)、靜態 IP(S) (空白=取消)： S

設定靜態 IP
輸入靜態 IP 位址： 192.168.2.20
輸入子網路遮罩 (空白 = 預設值 255.255.255.0)：
```

圖 7-88：鍵入子網路遮罩

鍵入閘道 IP，按 Enter 鍵。

```
選取 DHCP(D)、靜態 IP(S) (空白=取消)： S

設定靜態 IP
輸入靜態 IP 位址： 192.168.2.20
輸入子網路遮罩 (空白 = 預設值 255.255.255.0)：
輸入預設閘道： 192.168.2.254_
```

圖 7-89：鍵入閘道 IP

鍵入 2 後按 Enter 鍵，以設定 DNS 伺服器。

```
NIC 索引              1
描述                  Microsoft Hyper-V Network Adapter
IP 位址               192.168.2.20    fe80::656a:be88:4dc2:5095
子網路遮罩             255.255.255.0
DHCP 已啟用           False
預設閘道               192.168.2.254
慣用 DNS 伺服器
其他 DNS 伺服器

1) 設定網路介面卡位址
2) 設定 DNS 伺服器
3) 清除 DNS 伺服器設定
4) 返回主功能表

選取選項： 2_
```

圖 7-90：設定 DNS 伺服器

鍵入 DNS Server IP，按 Enter 鍵。

圖 **7-91**：鍵入 DNS Server IP

跳出確認視窗，點選「確定」。

圖 **7-92**：確認視窗

設定其他 DNS Server，本範例
只有一台 DNS Server，直接按
Enter 鍵。

圖 **7-93**：設定其他 DNS Server

鍵入 4 後按 Enter 鍵，返回主功能表。

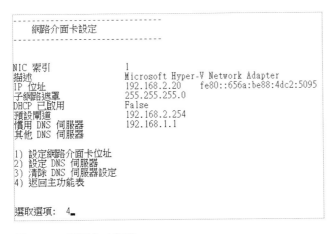

圖 **7-94**：返回主功能表

鍵入 2 後按 Enter 鍵，設定電腦名稱。

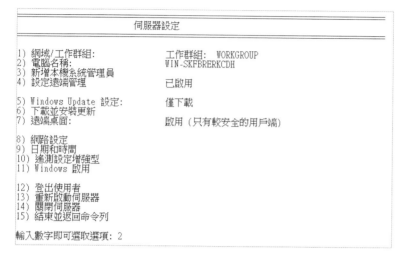

圖 **7-95**：設定電腦名稱

鍵入電腦名稱，按 Enter 鍵。

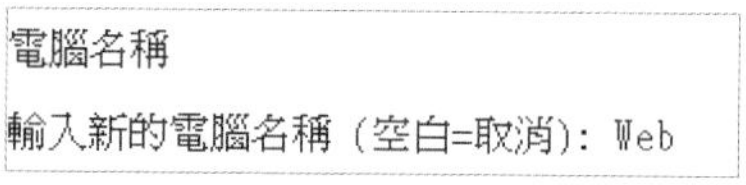

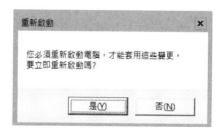

圖 **7-96**：鍵入電腦名稱

提示將重新啟動電腦，點選「是」。

圖 **7-97**：重新啟動電腦

電腦重新啟動登入系統，鍵入 sconfig
後按 Enter 鍵，進入伺服器設定。

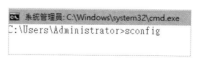

圖 **7-98**：進入伺服器設定

鍵入 1 後按 Enter 鍵，將此 Web Server 加入網域。

```
                          伺服器設定
━━━━━━━━━━━━━━━━━━━━━━━━━━━━━━━━━━━━━━━━━━━━━━━━━━━━━━━━━━
1) 網域/工作群組:              工作群組:   WORKGROUP
2) 電腦名稱:                   WEB
3) 新增本機系統管理員
4) 設定遠端管理                已啟用

5) Windows Update 設定:        僅下載
6) 下載並安裝更新
7) 遠端桌面:                   啟用（只有較安全的用戶端）

8) 網路設定
9) 日期和時間
10) 遙測設定增強型
11) Windows 啟用

12) 登出使用者
13) 重新啟動伺服器
14) 關閉伺服器
15) 結束並返回命令列

輸入數字即可選取選項: 1_
```

圖 **7-99**：加入網域設定

鍵入 D 後按 Enter 鍵，選擇加入
網域。

```
輸入數字即可選取選項: 1

變更網域/工作群組成員資格

要加入網域(D) 或工作群組(W)?（空白=取消）D_
```

圖 **7-100**：選擇加入網域

鍵入網域名稱，按 Enter 鍵。

```
變更網域/工作群組成員資格

要加入網域(D) 或工作群組(W)?（空白=取消）D

加入網域
要加入的網域名稱:  lab.com
```

圖 **7-101**：鍵入網域名稱

鍵 入 Domain Admin 帳 號， 按
Enter 鍵。

```
加入網域
要加入的網域名稱:  lab.com
指定授權的「網域\使用者」:lab\Administrator_
```

圖 **7-102**：鍵入 Domain Admin 帳號

鍵入 Domain Admin 帳號的密碼，按 Enter 鍵。

圖 **7-103**：鍵入 Domain Admin 帳號密碼

這裡會要求先變更電腦名稱，然後再重新啟動電腦，點選「是」。

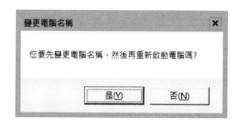

圖 **7-104**：提示先變更電腦名稱，然後再重新啟動電腦

再鍵入一次電腦名稱，按 Enter 鍵。

```
加入網域
要加入的網域名稱： lab.com
指定授權的「網域\使用者」:lab\Administrator

正在加入 lab.com...

電腦名稱

輸入新的電腦名稱 (空白=取消)：Web
```

圖 **7-105**：鍵入電腦名稱

再鍵入一次 Domain Admin 帳號，按 Enter 鍵。

```
輸入新的電腦名稱 (空白=取消)：Web
正在變更電腦名稱...

指定授權的「網域\使用者」:lab\administrator
```

圖 **7-106**：鍵入 Domain Admin 帳號

會跳出提示視窗，顯示參數錯誤，點選「確定」。

圖 **7-107**：提示視窗

鍵入 13 後按 Enter 鍵，重新啟動伺服器。

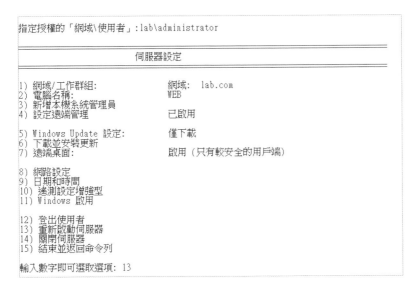

圖 **7-108**：重新啟動伺服器

跳出確認視窗，確認將重新啟動電
腦，點選「是」。

圖 **7-109**：確認視窗

待 Web Server 重新啟動後，我們
先以 Domain Admin 登入 GUI。

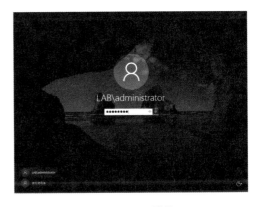

圖 **7-110**：Domain Admin 登入 GUI

因為我們已將 Web Server 加入網域，所以 Web Server 也可以受 GUI 的伺服器管理員納管，以方便我們設定。

圖 **7-111**：受 GUI 的伺服器管理員納管

以滑鼠右鍵點選「Web」伺服器，點選「Windows PowerShell」進入 Web Server PowerShell 模式中。

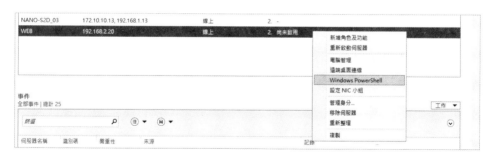

圖 **7-112**：開啟 Web Server PowerShell

鍵入 Set-NetFirewallProfile -Profile Domain,Public,Private -Enabled False 後按 Enter 鍵，以關閉防火牆。

```
系統管理員: Windows PowerShell
[Web.lab.com]: PS C:\Users\Administrator.LAB\Documents> Set-NetFirewallProfile -Profile Domain,Public,Private -Enabled False
[Web.lab.com]: PS C:\Users\Administrator.LAB\Documents> _
```

圖 **7-113**：關閉防火牆

在 GUI 中以滑鼠右鍵點選左下方視窗圖示，點選「執行」。

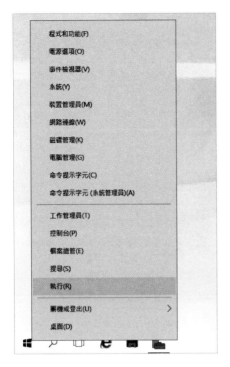

圖 7-114：開啟執行

在「開啟」中鍵入「mmc」，以開啟管理主控台。

圖 7-115：執行 mmc 管理主控台

點選「檔案」，點選「新增 / 移除嵌入式管理單元」。

圖 7-116：新增 / 移除嵌入式管理單元

在左邊「可用的嵌入式管理單元」中，點選「具有進階安全性的 Windows 防火牆」，點選「新增」。

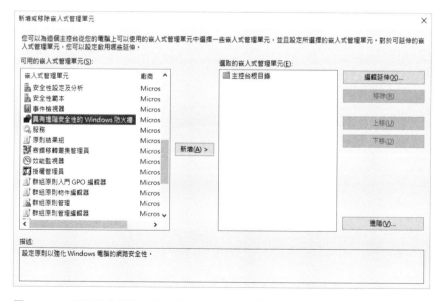

圖 7-117：新增具有進階安全性的 Windows 防火牆

選取電腦，在「另一台電腦」中鍵入「Web」，點選「完成」。

圖 7-118：連線至 Web Server

點選「確定」。

圖 7-119：完成新增設定

因本範例中這台是 Web Server，需要直接連上 Internet 對外服務。因此，為了安全起見，要將它本身的防火牆功能開啟。當然筆者一再強調：一個完善的系統，在對外的入口處便會有一堆的資安設備，原則上資安的部分，統籌由系統架構上去處理，所以一般沒必要的 Server 也不要對外。但如果有對外服務的需求時，當然建議 Server 本身的防火牆還是要開，多一份保障。

圖 **7-120**：管理設定 Windows 防火牆

一些預設的規則如果有需求便可將它啟用，本範例中筆者新增一條規則，即是開啟 TCP 80 Port，可以讓瀏覽器連入網站。

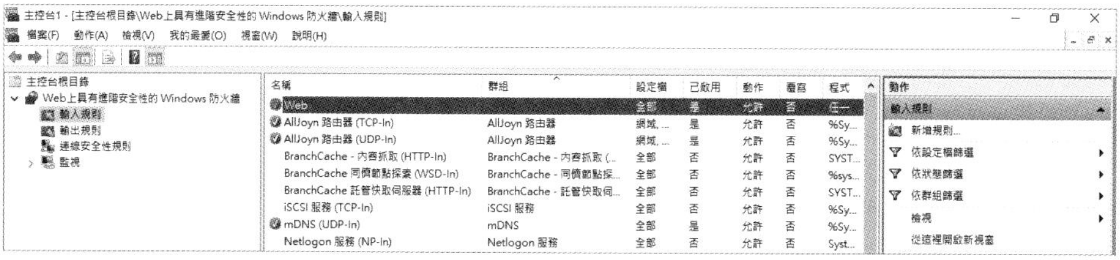

圖 **7-121**：新增連接 Web 服務的規則

防火牆設定完成。

圖 7-122：防火牆設定完成

以滑鼠右鍵點選「Web」Server 後，點選「電腦管理」。

圖 7-123：開啟電腦管理

將 Admin 帳號加入到 Administrators 群組中。

圖 **7-124**：將 Admin 帳號加入到 Administrators 群組中

再次使用 Admin 帳號，登入至 GUI。

圖 **7-125**：使用 Admin 帳號登入

進入容錯移轉叢集管理員中，在 AP-Cluster 叢集中，可看到目前 Web
Server 的擁有者節點為 AP-01。以滑鼠右鍵點選「Web」虛擬機，再點選
「移動」，然後點選「即時移轉」，最後點選「最佳可行節點」。

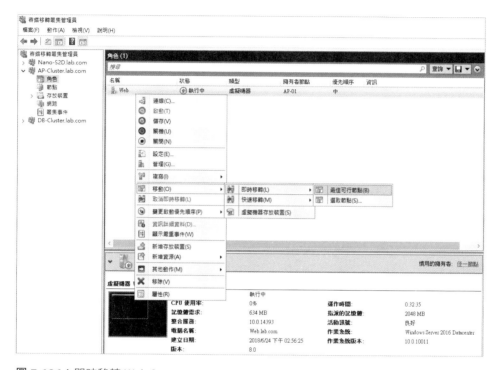

圖 7-126：即時移轉 Web Server

移轉進行中。

圖 7-127：移轉進行中

移轉完成，可看到目前 Web 虛擬機的擁有者節點為 AP-02，Web 虛擬機確定已具備高可用性。

圖 **7-128**：移轉完成

現在開始來安裝 JDK 與 TomcatWeb Server。在 GUI Server 中開啟檔案總管，鍵入路徑 \\192.168.2.20\c$\ 後按 Enter 鍵，將 JDK 與 Tomcat 安裝檔 Copy 過去。

圖 **7-129**：JDK 與 Tomcat 安裝檔 Copy 至 Web Server C 槽下

啟用連線進入 Web 虛擬機中，在 C 槽下鍵入 JDK 執行檔名後按 Enter 鍵。

```
系統管理員: C:\Windows\system32\cmd.exe
C:\>dir/w
 磁碟區 C 中的磁碟沒有標籤。
 磁碟區序號： E888-4016

 C:\ 的目錄

apache-tomcat-8.5.31.exe    jdk-8u171-windows-x64.exe    [PerfLogs]          [Program Files]
[Program Files (x86)]       [Users]                      [Windows]
              2 個檔案       227,217,720 位元組
              5 個目錄     2,682,281,984 位元組可用

C:\>jdk-8u171-windows-x64.exe
```

圖 **7-130**：執行安裝 JDK

依步驟完成 JDK 的安裝。

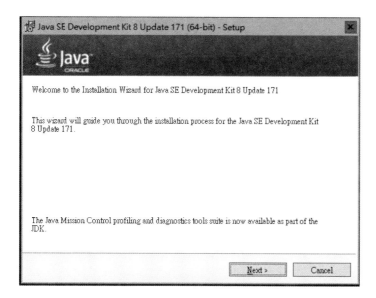

圖 7-131：依步驟完成 JDK 安裝

JDK 安裝好後，開啟檔案總管可看到它是安裝在 C 槽 Program Files 下。進入 Java 目錄，將原本的目錄名稱 jdk1.8.0_171 改為 jdk，這只是筆者的個人習慣，並不一定要照作。筆者習慣將目錄名稱改為簡單易懂的。

圖 7-132：更改 jdk 的目錄名稱

因為我們的 Java 程式會需要連接後端 SQL 資料庫，所以要將 JDBC 的驅動程式 sqljdbc4.jar，Copy 至 \\192.168.2.20\c$\Program Files\Java\jdk\lib 中。

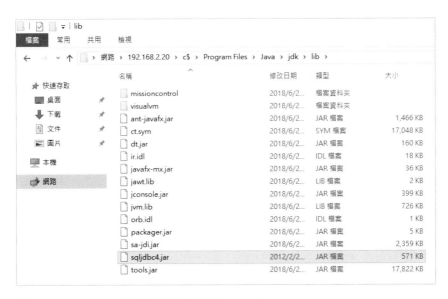

圖 **7-133**：Copy JDBC 驅動程式至 Web Server 內

接下來，要設定作業系統的環境參數。在 Web 虛擬機內鍵入 regedit 後按 Enter 鍵，以開啟 Registry 編輯器，來設定系統環境參數。

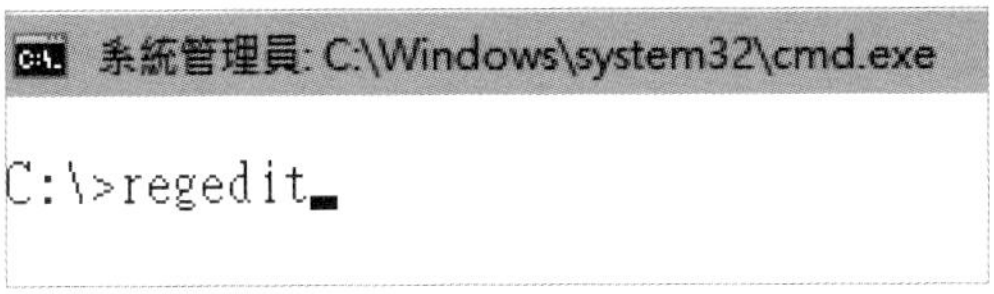

圖 **7-134**：開啟 Registry 編輯器

找到 HKEY_LOCAL_MACHINE\SYSTEM\ControlSet001\Control\Session Manager\Environment，點選 Path，在「數值資料」中加入 ;C:\Program Files\Java\jdk\bin，JDK 的路徑，點選「確定」。

圖 **7-135**：編輯 Path

以滑鼠右鍵點選空白處，再點選「新增」，點選「可擴充字串值」。

圖 **7-136**：新增變數

將數值名稱設為 CLASSPATH，在數值資料中鍵入 C:\Program Files\Java\jdk\lib\tools.jar;.C:\Program Files\Java\jdk\lib\sqljdbc4.jar;.，點選「確定」。記得要將系統重新啟動，在 Registry 編輯的參數才會生效。

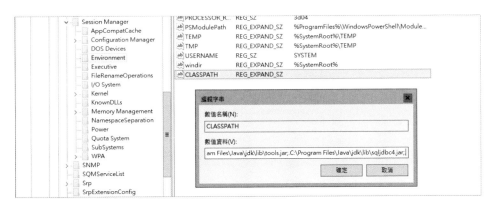

圖 **7-137**：設定 CLASSPATH 變數

如此便完成 JDK 與 JDBC 的安裝與設定，現在來安裝 Tomcat Web Server。在 Web 虛擬機內鍵入 Tomcat 安裝檔案名稱後按 Enter 鍵，以執行安裝。

圖 **7-138**：執行安裝 Tomcat

在這裡我們將 HTTP/1.1 Connector Port 由 8080 改為 80，依步驟將其安裝完畢。

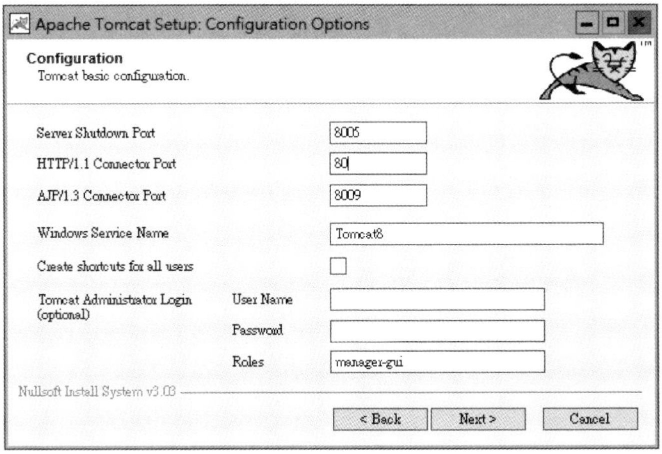

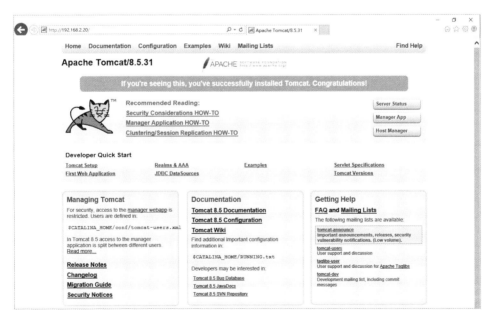

圖 **7-139**：更改連接 Port

在 GUI Server 上開啟 IE，在網址中鍵入 192.168.2.20，如出現 Tomcat 的網頁，代表安裝成功。

圖 **7-140**：Tomcat 首頁

將程式檔案 home.jsp、login.jsp、logout.jsp 與 confirm.jsp，Copy 至 \\192.168.2.20\c$\Program Files\Apache Software Foundation\Tomcat 8.5\webapps\ROOT 目錄下。

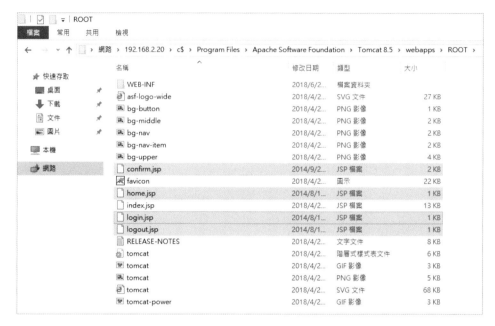

圖 **7-141**：Copy 程式檔案

開啟 Web Server 的電腦管理，點選左邊「服務與應用程式下」的「服務」，點選右邊「Apache Tomcat」，點選「啟動」，並將啟動類型改為「自動」。

圖 **7-142**：設定 Tomcat 服務

點選「確定」，以便將 Tomcat
服務改成隨伺服器啟動便自動
啟動的類型。

圖 **7-143**：設定 Tomcat 服務自動啟動

在 GUI 開啟 IE，鍵入 192.168.2.20/home.jsp，出現 Login 畫面，表示程式
部署完成。至此 Web Server 的虛擬機部署便全部完成。

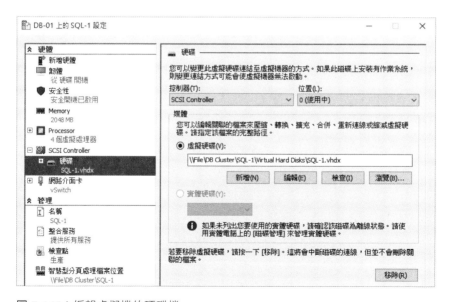

圖 7-144：Login 網頁畫面

7·3·2 SMB 檔案共用的 SQL Server Cluster 虛擬機部署

依前節的方式在 DB-Cluster 中，建立 2 台 Server Core 的虛擬機，但因為
之前我們在建立 Server Core 的硬碟檔時，整個硬碟檔只有設定 10GB，而
此次我們的 Server 上要安裝 SQL Server。所以 10GB 會不太夠，因此在
建立好虛擬機設定時，我們要擴充硬碟檔的大小。在設定好硬碟後，點選
「編輯」。

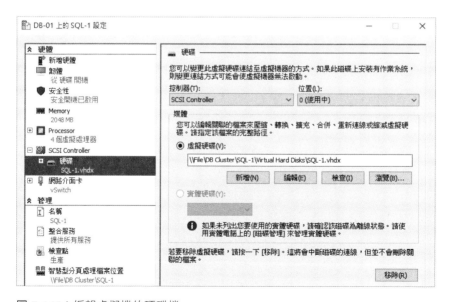

圖 7-145：編輯虛擬機的硬碟檔

開啟選「編輯虛擬硬碟精靈」，點選「下一步」。

圖 **7-146**：開啟編輯虛擬硬碟精靈

進入選「選擇動作」頁面，點選「擴充」後點選「下一步」。

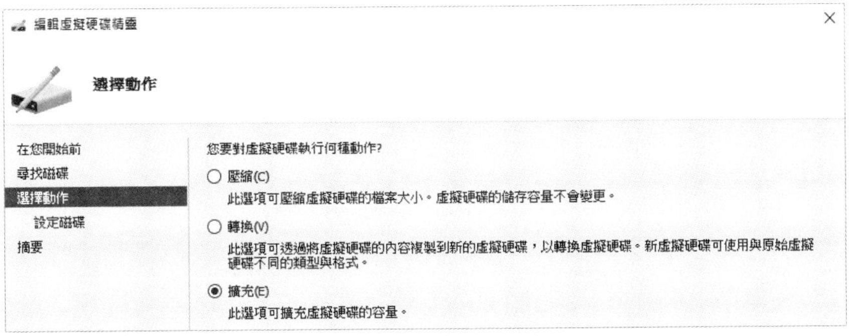

圖 **7-147**：選擇動作

進入選「擴充虛擬硬碟」頁面，在「新大小」中鍵入要擴充的大小，此以
GB 為單位，點選「下一步」。

圖 **7-148**：擴充虛擬硬碟

進入「完成編輯虛擬硬碟精靈」頁面，確認資訊無誤後，點選「完成」。

圖 7-149：完成編輯虛擬硬碟精靈

依前節的設定方式，將兩台 SQl-1 與 SQl-2 虛擬機，納管至 GUI 的伺服器管理員，並一樣將 Admin 帳號加至 Administrators 群組中。關閉防火牆，因 DB Server 不會對外上 Internet，所以一樣將 Server 本身防火牆關閉。

圖 7-150：SQL-1 與 SQL-2 納管於伺服器管理員

因之前我們有擴充硬碟檔，所以在系統中我們也要擴充磁碟區，系統才能真正使用到擴充後的大小。點選「檔案和存放服務」，再點選「磁碟區」，以滑鼠右鍵點選「SQL-1」的「C」槽後，點選「延伸磁碟區」。

圖 7-151：延伸磁碟區

開啟「延伸磁碟區」視窗，在「新大小」中
鍵入擴充之後的大小，此以 GB 為單位，點選
「確定」。

圖 7-152：鍵入擴充大小

SQL-2 也一樣設定，讓 SQL-1 與 SQL-2 的 C 槽都擴增到 14.5GB。

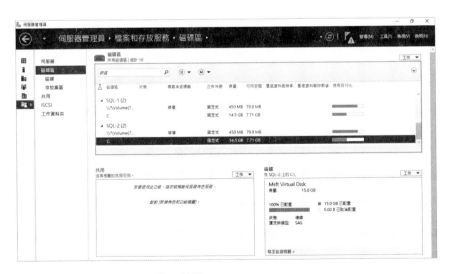

圖 7-153：SQL-1 與 SQL-2 皆已擴增

開啟容錯移轉叢集管理員，在 DB-Cluster 叢集中點選「角色」，可看到目前
SQL-2 的擁有者節點為 DB-02。以滑鼠右鍵點選「SQL-2」虛擬機，再點選
「移動」後，點選「即時移轉」，最後點選「最佳可行節點」。

圖 7-154：即時移轉 SQL-2

移轉進行中。

圖 7-155：移轉進行中

移轉完成，即可看到 SQL-2 的擁有者節點已改為 DB-01 了。

圖 7-156：移轉完成

也可將 SQL-1 移轉至 DB-02，確定 SQL-1 與 SQL-2 都具有高容錯性的功能。

圖 7-157：SQL-1 與 SQL-2 具有高容錯性功能

接下來，我們要安裝 SQL Server Cluster，但在安裝前還有一些前置作業要作。要安裝 SQL Server Cluster 的系統本身要先建立好 Cluster 才行，所以我們要先將兩台虛擬機建立一個 Heartbeat 網段。建立好 SQL-Cluster 叢集後還要再建立叢集見證的共用目錄與 SQL Server Cluster 的資料共用目錄，安裝 SQL Server 前系統上還要先安裝 .NET Framework 3.5，這些步驟都就緒了才可以安裝 SQL Server Cluster。

要在 SQL 虛擬機上再加一個網段，先要在 Host 上也就是 DB 上的 Hyper-V 管理員中新增一個虛擬交換器。在容錯移轉叢集管理員中，以滑鼠右鍵點選「SQL-1」虛擬機，點選「管理」，以開啟 DB-01 的 Hyper-V 管理員。

圖 7-158：開啟 DB-01 的 Hyper-V 管理員

開啟 Hyper-V 管理員後，在右邊動作下點選「虛擬交換器管理員」，開啟
虛擬交換器管理員後，點選「建立虛擬交換器」，在「名稱」中鍵入交換器
名稱，在「連線類型」點選「外部網路」，並於下拉選單中選擇「Microsoft
Hyper-V Network Adapter #4」，點選「確定」。

因為叢集的 Heartbeat 網路是節點間互相通訊，所以我們要選擇在 DB 上建立
Heartbeat 的網卡，也就是 Microsoft Hyper-V Network Adapter #4 這張。

圖 7-159：設定 Heartbeat 虛擬交換器

回到容錯移轉叢集管理員，以滑鼠右鍵點選「SQL-1」虛擬機，點選「設定」。

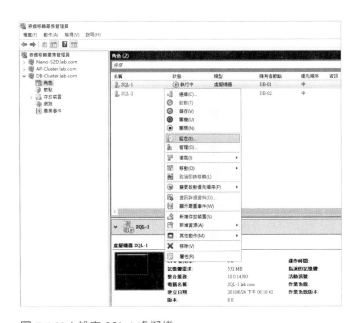

圖 7-160：設定 SQL-1 虛擬機

左邊硬體下點選「新增硬體」，右邊點選「網路介面卡」，再點選「新增」，在虛擬交換器的下拉視窗中選取「Heartbeate」，完成後點選「確定」。

圖 **7-161**：新增網路介面卡

SQL-2 也做一樣的設定，設定好後再進入 SQL-1 與 SQL-2 的系統裡設定 IP。將 SQL-1 的 IP 設為 172.10.10.11，子網路遮罩 255.255.255.0，不用設閘道，SQL-2 的 IP 設為 172.10.10.12。

圖 **7-162**：SQL 的 Heartbeat 網段為 172.10.10.XX

在系統內確保 2 台 SQL 虛擬機的 Heartbeat 網段可以互通。

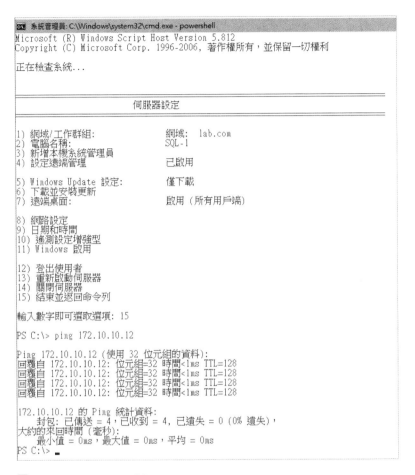

圖 **7-163**：SQL-1 Ping SQL-2

我們要在 SQL-1 與 SQL-2 上安裝必要的角色與功能，因需要用到安裝光碟，所以先要在虛擬機上建立好光碟機，並掛上 Windows Server 2016 的 ISO 檔，將 ISO 檔 Copy 至 DB Cluster 中，再選擇其路徑。

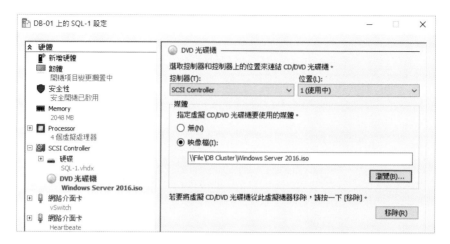

圖 7-164：SQL-1 掛上光碟機

在 GUI 的伺服器管理員中，點選「儀表板」，再點選「新增角色及功能」，在選取目的地伺服器中，點選「從伺服器集區選取伺服器」後，點選「SQL-1」伺服器。

圖 7-165：新增 SQL-1 的角色及功能

進入「選取功能」頁面，勾選「.NET Framework 3.5 功能」與「容錯移轉叢集」。

圖 **7-166**：勾選安裝功能

在確認安裝選項中，勾選「必要時自動重新啟動目的地伺服器」，再點選下方「指定替代來源路徑」，於路徑中鍵入 D:\Sources\SxS\ 後點選「安裝」。

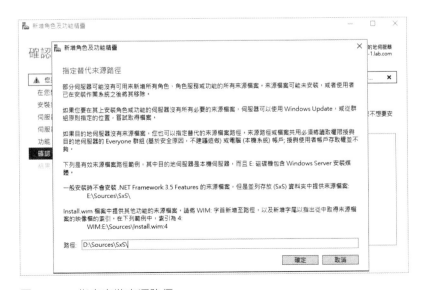

圖 **7-167**：指定安裝來源路徑

安裝完成，在 SQL-2 一樣完成安裝。

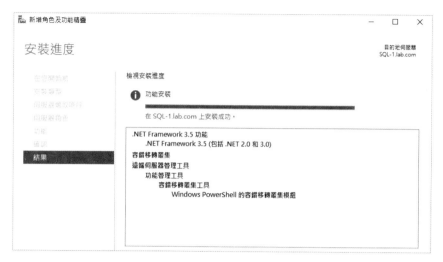

圖 7-168：安裝完成

現在我們就來建立 SQL-Cluster 的叢集。在 GUI Server 上以系統管理員身分開啟 PowerShell 指令介面，鍵入 Test-Cluster -Node SQL-1,SQL-2 -Include " 系統設定 "," 清查 "," 網路 " 後按 Enter 鍵，作叢集測試。作完後鍵入 New-Cluster -Name SQL-Cluster -Node SQL-1,SQL-2 -NoStorage -StaticAddress 192.168.3.20 後按 Enter 鍵，建立 SQL-Cluster 叢集。

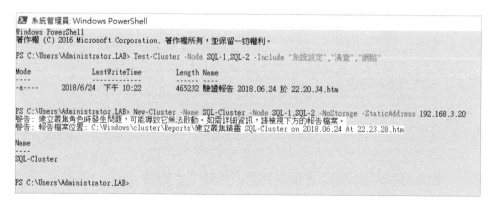

圖 7-169：建立 SQL-Cluster 叢集

進入容錯移轉叢集管理員，以滑鼠右鍵點選「容錯移轉叢集管理員」，點選「連線到叢集」，在「叢集名稱」鍵入「SQL-Cluster」，便可連線到 SQL-Cluster 叢集，點選「節點」即可看到 SQL-1 與 SQL-2 兩個節點。

圖 **7-170**：SQL-1 與 SQL-2 兩個節點

我們在共用磁碟區中建立兩個目錄，一為 SQLData，用來提供給 SQL Server Cluster 存放資料用；一為 SQL Quorum，用來提供 SQL-Cluster 共用見證。

圖 **7-171**：建立共用目錄

建立好共用目錄後，要回到 Nano-S2D 上對 File Server 設定檔案共用。

圖 7-172：設定檔案共用

依前節的方式設定，在 SQLData 的權限與共用，都要有 Domain Admins 與 Admin 兩個帳號的完全控制，SQL-Cluster、SQL-1 與 SQL-2 三台電腦的完全控制。

圖 7-173：SQL Data 的權限設定

在 SQL Quorum 的權限與共用也是一樣，都要有 Domain Admins 與 Admin
兩個帳號的完全控制，SQL-Cluster、SQL-1 與 SQL-2 三台電腦的完全控制。

圖 **7-174**：SQL Quorum 的權限設定

檔案共用設定好後，一樣
要設定委派 cifs SMB 的通
訊協定，在 File 中委派 cifs
對 SQL-Cluster、SQL-1 與
SQL-2。

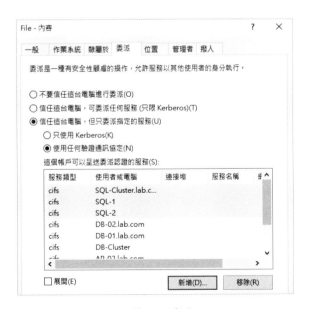

圖 **7-175**：File Server 的 cifs 委派

在 SQL-Cluster 委派 cifs 對 File、SQL-1 與 SQL-2。

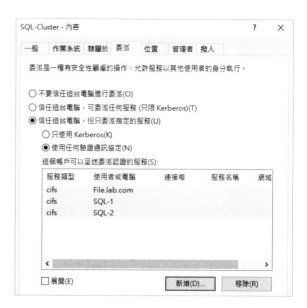

圖 **7-176**：SQL-Cluster 的 cifs 委派

在 SQL-1 委派 cifs 對 File、SQL-Cluster 與 SQL-2。

圖 **7-177**：SQL-1 的 cifs 委派

在 SQL-2 委派 cifs 對 File、
SQL-Cluster 與 SQL-1。

圖 **7-178**：SQL-2 的 cifs 委派

在上述檔案共用與 cifs 協定委派都設定完成後，依前節的設定方式，設定完成 SQL-Cluster 的叢集仲裁。

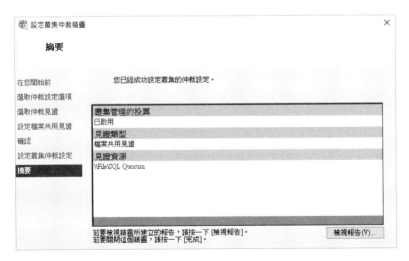

圖 **7-179**：SQL-Cluster 叢集仲裁

SQL-Cluster 叢集正式建立好後，且所有的前置工作都完成了，即可開始安裝 SQL Server Cluster。一樣要將 SQL Server 的安裝光碟 ISO 檔 Copy 至共用

磁區的 DB Cluster 目錄中，然後在 SQL-1 設定增加光碟機並掛上 SQL Server
安裝光碟 ISO 檔。進入 SQL-1 系統，切換磁碟代號為 D:\，鍵入 setup.exe /
qs /ACTION=InstallFailoverCluster /IACCEPTSQLSERVERLICENSETER
MS=True /UPDATEENABLED=False /Features=SQL,CONN /FAILOVERC
LUSTERNETWORKNAME=SQLCluster /InstanceName=MSSQLSERVER
/FAILOVERCLUSTERIPADDRESSES="IPv4;192.168.3.25; 叢集網路
1;255.255.255.0" /FAILOVERCLUSTERGROUP=MSSQLSERVER /
INDICATEPROGRESS /SQLCOLLATION= Chinese_Taiwan_Stroke_CI_AS /
AGTSVCACCOUNT=lab\administrator /AGTSVCPASSWORD=P@ssw0rd /
SQLSVCACCOUNT=lab\administrator /SQLSVCPASSWORD=P@ssw0rd /
SAPWD=P@ssw0rd /SECURITYMODE=SQL /SQLSYSADMINACCOUNTS=
BUILTIN\Administrators /INSTALLSQLDATADIR=\\File\SQLData\ 後按
Enter 鍵，開始安裝 SQL Server Cluster 第一個節點。

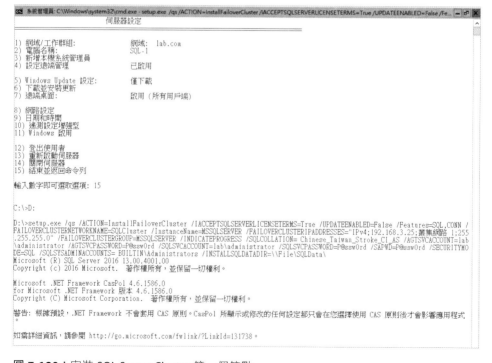

圖 7-180：安裝 SQL Server Cluster 第一個節點

以下分別就安裝指令說明：

安裝指令	說明
setup.exe	開始安裝 SQL Server
qs	使用圖形介面顯示安裝進度
ACTION=InstallFailoverCluster	安裝為容錯移轉叢集
IACCEPTSQLSERVERLICENSETERMS=True	同意授權
UPDATEENABLED=False	安裝時不要進行線上更新
Features=SQL,CONN	安裝 SQL DB 與共用元件
FAILOVERCLUSTERNETWORKNAME=SQLCluster	網路識別名稱為 SQLCluster
InstanceName=MSSQLSERVER	DB 的 Instance 名稱為 MSSQLSERVER
FAILOVERCLUSTERIPADDRESSES= "IPv4;192.168.3.25; 叢集網路 1;255.255.255.0"	網路參數：類別 IPv4，叢集 IP 位址為 192.168.3.25，使用叢集中網路的名稱為叢集網路 1，子網路遮罩為 255.255.255.0
FAILOVERCLUSTERGROUP=MSSQLSERVER	叢集容錯的群組名稱為 MSSQLSERVER
INDICATEPROGRESS	顯示安裝進度
SQLCOLLATION= Chinese_Taiwan_Stroke_CI_AS	使用的定序為 Chinese_Taiwan_Stroke_CI_AS
AGTSVCACCOUNT=lab\administrator	SQL Agent 的啟動服務帳戶為 lab\administrator
AGTSVCPASSWORD=P@ssw0rd	SQL Agent 的啟動服務帳戶密碼為 P@ssw0rd
SQLSVCACCOUNT=lab\administrator	SQL Server 的啟動服務帳戶為 lab\administrator
SQLSVCPASSWORD=P@ssw0rd	SQL Server 的啟動服務帳戶密碼為 P@ssw0rd
SAPWD=P@ssw0rd	SA 帳號的密碼為 P@ssw0rd

安裝指令	說明
SECURITYMODE=SQL	使用混和式的身分驗證
SQLSYSADMINACCOUNTS= BUILTIN\Administrators	Windows 驗證為 Administrators 群組中的成員
INSTALLSQLDATADIR=\\File\SQLData\	SQL 資料安裝於 \\File\SQLData\ 共享目錄

正在進行安裝，圖形介面顯示安裝進度。

圖 7-181：圖形介面安裝進度

SQL Server Cluster 第一個節點安裝完成。

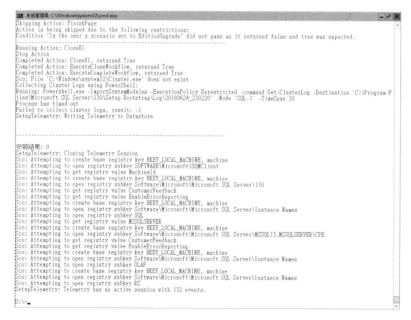

圖 7-182：第一個節點安裝完成

安裝完 SQL 容錯移轉叢集的第一個節點後,再加入第二個節點,將 SQL Server 安裝光碟 ISO 檔掛於 SQL-2 上,進入 SQL-2 切換至 D 槽,鍵入 setup. exe /qs /ACTION=AddNode /IACCEPTSQLSERVERLICENSETERMS=True /UPDATEENABLED=False /INSTANCENAME=MSSQLSERVER /FAILOVERCLUSTERIPADDRESSES="IPv4;192.168.3.25; 叢集網路 1;255.255.255.0" /AGTSVCACCOUNT=lab\administrator /AGTSVCPASSWORD=P@ssw0rd / SQLSVCACCOUNT=lab\administrator /SQLSVCPASSWORD=P@ssw0rd / CONFIRMIPDEPENDENCYCHANGE=0 後按 Enter 鍵,以加入 SQL 容錯移轉叢集節點。

圖 7-183:加入節點安裝

圖形介面顯示安裝進度。

圖 7-184:安裝進行中

加入節點安裝完成。

圖 **7-185**：安裝完成

我們回到 GUI 的容錯移轉叢集管理員中，點選 SQL-Cluster 叢集，再
點選「角色」，可看到有一個 MSSQLSERVER，已建立好的 SQL Server
Cluster，目前其擁有者節點為 SQL-1。以滑鼠右鍵點選「MSSQLSERVER」
角色，再點選「移動」，點選「最佳可行節點」。

圖 **7-186**：SQL Server Cluster MSSQLSERVER

進行移轉中。

圖 **7-187**：進行移轉

移轉完成，可看到目前擁有者節點已改為 SQL-2，SQL Server Cluster 與
Hyper-V Cluster 執行方式是不一樣的，SQL Server Cluster 同時間只會有
一台 Server 執行，也就是所謂的 A-S（Active Standby）模式。以往要在
Hyper-V 中再建立 SQL Server Cluster，需要使用虛擬 SAN 的方式，穿進
虛擬機中，而使用了 SMB 檔案共用的方式，就靈活多了。

圖 **7-188**：移轉完成

安裝好 SQL Server Cluster 後，我們要如何操作與管理 SQL Server 呢，
於下列網址下載 SQL Server Management Studio（SSMS），安裝於 GUI
Server 上，以便連進 SQL Server 作操作與管理。下載回來的 SSMIS-Setup-
CHT.exe，我們直接以滑鼠點兩下執行安裝：

 https://docs.microsoft.com/zh-tw/sql/ssms/download-sql-server-
 management-studio-ssms?view=sql-server-2017

圖 **7-189**：執行安裝 SSMIS-Setup-CHT.exe

點選「安裝」，並依步驟安裝。

圖 **7-190**：進行 SSMIS 安裝

安裝完成，點選「關閉」。

圖 **7-191**：安裝完成

從 GUI Server 視窗的程式集中點選「Microsoft SQL Server Tools 17」，再點選「Microsoft SQL Server Management Studio 17」，開啟 SQL Server Management Studio。在「伺服器名稱」鍵入安裝時給的網路識別名稱，於「驗證」的下拉選單選擇「SQL Server 驗證」，登入鍵入 SA 帳號，密碼鍵入安裝時給定的密碼，點選「連線」。

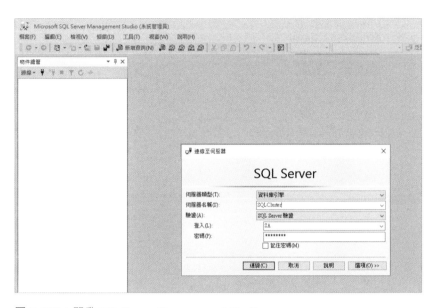

圖 **7-192**：開啟 SQL Server Management Studio

進入後，在左邊以滑鼠右鍵點選「資料庫」，點選「新增資料庫」。

圖 **7-193**：新增資料庫

在資料庫名稱中鍵入資料庫名稱，在下方 Program 的「初始大小」，我們給定 10MB，點選「確定」。

圖 **7-194**：新增 Program 資料庫

以滑鼠右鍵點選「Program」資
料庫，點選「新增查詢」。

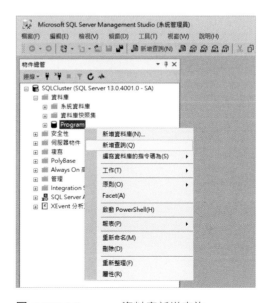

圖 **7-195**：Program 資料庫新增查詢

點選左上方「檔案」，再點選「開啟」，然後點選「檔案」。

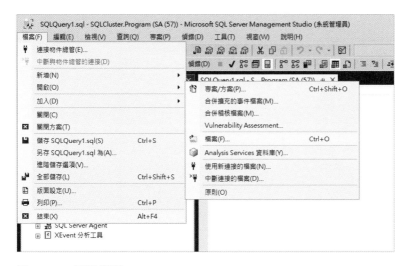

圖 7-196：開啟檔案

開啟之前已建立好的執行 SQL 手稿，點選「開啟」。

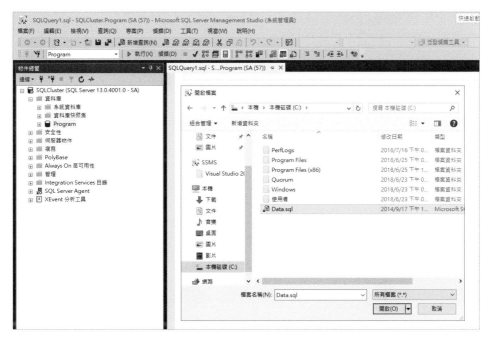

圖 7-197：開啟執行 SQL 手稿

點選「執行」來建立資料表。

圖 7-198：執行 SQL 手稿建立資料表

執行完後，可點選 Program 下的「資料表」，即可看到已經建立了一些資料表。

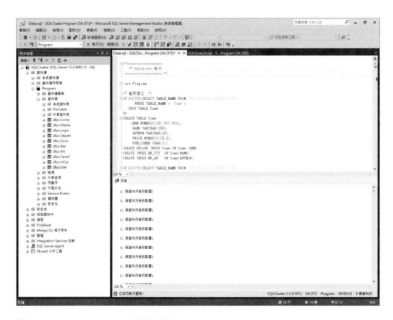

圖 7-199：Program 下的資料表

建立好資料庫後,我們要再
建立程式用來讀取資料庫的
帳號。點選「安全性」,再以
滑鼠右鍵點選「登入」,點選
「新增登入」。

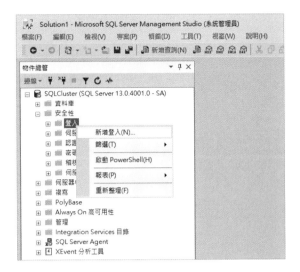

圖 7-200:新增登入

左邊點選「選取頁面」下的「一般」,在右邊鍵入登入名稱後,點選「SQL
Server 驗證」鍵入密碼,並鍵入確認密碼。在預設資料庫的下拉選單中選擇
「Program」,點選左邊「伺服器角色」。

圖 7-201:新增登入一般設定

在「伺服器角色」中，採用預設勾選的「public」即可，點選左邊「使用者對應」。

圖 7-202：新增登入伺服器角色設定

在「使用者對應」中，勾選「Program」資料庫，成員資格勾選「db_owner」與預設的「public」，完成後點選「確定」。

圖 7-203：新增登入使用者對應設定

至此我們的 SQL Server Cluster 就全部部署完成。而我們部署的程式要能運作，還要修改資料庫連接的資訊，程式中主要會要連接資料庫的為 confirm.jsp 這支。我們使用記事本打開，修改這行資訊 "jdbc:sqlserver://192.168.3.25:1433;databaseName=Program","pino","186275" 資料庫的 IP 位址與登入的帳號密碼。而我們的程式主要是讀取「Login」這個資料表，依「Id」與「Password」的欄位來作判定。

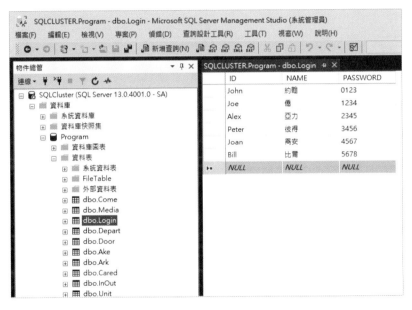

圖 **7-204**：Login 資料表的內容

我們在 GUI Server 上開啟 IE 瀏覽器，鍵入 http://web.lab.com/home.jsp 的 URL 後按 Enter 鍵，將會導至 login.jsp 的程式。依 Login 資料表的資訊，帳號鍵入 Joe，密碼鍵入 Joe 對應的密碼，點選「登入」。

圖 **7-205**：程式實作

正確的登入，點選「登出」。

圖 **7-206**：正確登入

我們隨便鍵入一組帳密，點選「登入」。

圖 **7-207**：鍵入錯誤帳密

將會顯示帳號或密碼錯誤。

圖 **7-208**：帳號或密碼錯誤

我們的融合型超融合容錯移轉叢集實作，至此實作完成。

7·4　超融合容錯移轉叢集一般的維運管理

當建好一組 S2D 的叢集，我們可透過基本的管理介面來確認 S2D 叢集是否正常運作。在容錯移轉叢集管理員中，點選「S2D」叢集，我們可在下方叢集核心資源中確認 S2D 叢集是否正常執行。

圖 7-209：容錯移轉叢集管理員確認叢集執行

點選叢集下的「節點」，可確認所有節點是否正常執行。點選「節點」最下
方點選「摘要」，即可看到節點細部執行資訊。

圖 7-210：節點摘要細部資訊

而在最下方點選「實體硬碟」，可看到所有組成 S2D 的實體硬碟，其相關資訊與健康情況狀態。

圖 **7-211**：S2D 實體硬碟資訊

點選左方叢集下的「存放裝置」後，點選「磁碟」，即可看到所建立的「叢集共用磁碟區」的執行狀況與相關資訊。

圖 **7-212**：叢集共用磁碟區執行狀況與相關資訊

點選左方叢集下的「存放裝置」後，點選「集區」，即可看到所建立的 S2D
集區的執行狀況與相關資訊。

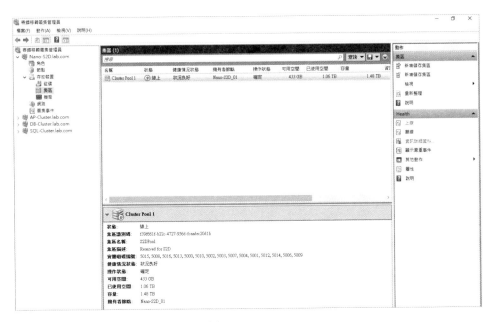

圖 **7-213**：S2D 集區執行狀況與相關資訊

以上都是使用介面來確認的部分，當然也可以使用 PowerShell 指令來作
確認。我們可進入任 1 台 S2D 節點 PowerShell 指令模式中，鍵入 Get-
StorageSubSystem Cluster* | Get-StorageHealthReport 後按 Enter 鍵，來
得到 S2D 叢集的運作資訊。

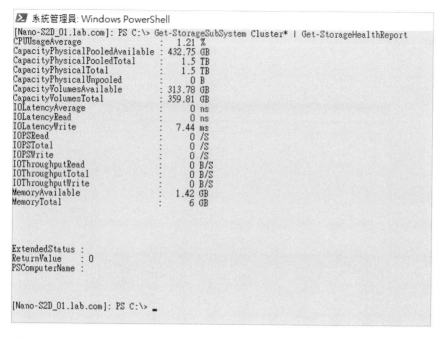

圖 7-214：S2D 叢集運作資訊

鍵入 Get-StorageSubSystem Cluster* | Debug-StorageSubSystem 後按 Enter 鍵，可查看 S2D 叢集中是否有任何組態設定及硬體元件錯誤，如果沒有就不會有任何顯示。

```
[Nano-S2D_01.lab.com]: PS C:\> Get-StorageSubSystem Cluster* | Debug-StorageSubSystem
[Nano-S2D_01.lab.com]: PS C:\> _
```

圖 7-215：查看 S2D 叢集組態設定及硬體元件錯誤

鍵入 Get-VirtualDisk 後按 Enter 鍵，查看 S2D 叢集共用磁碟區的狀態。鍵入 Get-StorageJob 後按 Enter 鍵，可查看 S2D 叢集共用磁碟區是否有在進行資料區塊的相關工作。

```
系統管理員: Windows PowerShell
[Nano-S2D_01.lab.com]: PS C:\> Get-VirtualDisk

FriendlyName ResiliencySettingName OperationalStatus HealthStatus IsManualAttach  Size
------------ --------------------- ----------------- ------------ -------------- ----
vDisk                              OK                Healthy      True           360 GB


[Nano-S2D_01.lab.com]: PS C:\> Get-StorageJob
[Nano-S2D_01.lab.com]: PS C:\> _
```

圖 7-216：查看 S2D 叢集共用磁碟區的狀態

還記得我們在第 4 章所介紹的三向鏡像（3-Way Mirror）：採用三向鏡像時，至少需要「5 顆」實體硬碟，透過鏡像機制將資料複寫出第三份複本，而三向鏡像則允許實體硬碟損壞 2 顆仍能正常運作。

所以，依我們所建置的 S2D 叢集，在建立虛擬磁碟時是選擇採用三向鏡像，因此我們的 S2D 叢集節點中，任一個節點都可承受同一時間兩個硬碟故障。

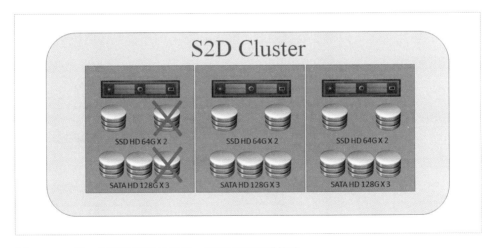

圖 7-217：任一個節點都可承受同一時間兩個硬碟故障

而以節點來說，應該也是可以承受同一時間兩個節點故障。

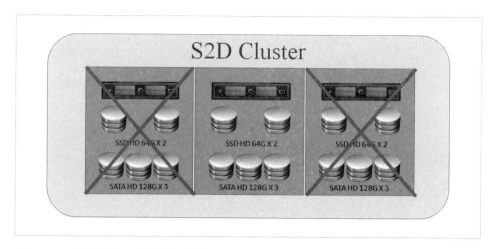

圖 7-218：可承受同一時間兩個節點故障

我們現在就來驗證看看。在容錯移轉叢集管理員中，點選「Nano-S2D」叢集，再點選「節點」，以滑鼠右鍵點選「Nano-S2D_01」節點，然後點選「暫停」，最後點選「清空角色」。

圖 7-219：讓 Nano-S2D_01 節點暫停

我們已將 Nano-S2D_01 節點暫停，並將 Nano-S2D_01 與 Nano-S2D_03 節點
關機。

圖 7-220：Nano-S2D_01 節點已暫停

即可看到已將兩個節點關機，模擬兩個節點故障的狀況。此時，我們再來確
定 S2D 叢集功能是否還運作。

圖 7-221：Nano-S2D_01 與 Nano-S2D_03 節點已關機

點選 SQL-Cluster 叢集,可看到 SQL Server Cluster 是還在運作的,且擁有者節點為 SQL-2。以滑鼠右鍵點選「MSSQLSERVER」角色,再點選「移動」,點選「最佳可行節點」。

圖 7-222:移動 SQL Server Cluster

移轉中。

圖 7-223:SQL Server Cluster 移轉中

移轉完成，可看到擁有者節點已改為 SQL-1，所以經由驗證我們可以確定採用三向鏡像時，S2D Cluster 在同一時間可承受兩個節點故障。

但在此要特別說明的是，雖然三向鏡像可承受同一時間兩個節點故障，但還是要確保剩下的節點所組成的硬碟空間容量是夠的，不然即使是可以承受兩個節點故障，但剩下的節點所組成 S2D 的空間不符資料使用的話，資料還是一樣會損毀，無法挽救的。

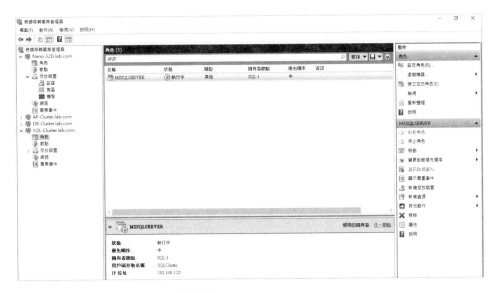

圖 7-224：SQL Server Cluster 移轉成功

我們再將 Nano-S2D_01 與 Nano-S2D_03 開啟,並把 Nano-S2D_01 點選繼續並容錯回復角色後,讓 S2D Cluster 繼續正常的執行。

圖 7-225:S2D Cluster 回復正常執行

進入伺服器管理員,點選「檔案和存放服務」,再點選「磁碟區」,然後點選「存放集區」,可看到虛擬磁碟的「vDisk」前面出現驚嘆號,代表目前 vDisk 是有問題的。此時可以滑鼠右鍵點選,點選「修復虛擬磁碟」。

圖 7-226:虛擬磁碟出現警示需作修復

即可看到狀態出現修復的百分比。

圖 **7-227**：虛擬磁碟修復進行中

接著進入 Nano-S2D_02 節點的 PowerShell 模式中，鍵入 Get-VirtualDisk 後按 Enter 鍵，可看到在 OperationalStatus（運作狀態），顯示 InService（服務中），而在 HealrhStatus（健康狀態），顯示 Warning（警告）。再鍵入 Get-StorageJob 後按 Enter 鍵，可看到正在進行修復與再生，也可看到目前進度百分比。

```
系統管理員: Windows PowerShell
[Nano-S2D_02.lab.com]: PS C:\> Get-VirtualDisk

FriendlyName ResiliencySettingName OperationalStatus HealthStatus IsManualAttach   Size
------------ --------------------- ----------------- ------------ --------------   ----
vDisk                              InService         Warning      True             360 GB


[Nano-S2D_02.lab.com]: PS C:\> Get-StorageJob

Name         IsBackgroundTask ElapsedTime JobState PercentComplete BytesProcessed BytesTotal
----         ---------------- ----------- -------- --------------- -------------- ----------
Repair       False            00:51:34    Running  13
Repair       True             00:00:00    Running  13              5594152960     41607495680
Regeneration True             00:06:52    Running  13              5594152960     41607495680


[Nano-S2D_02.lab.com]: PS C:\> _
```

圖 **7-228**：虛擬磁碟狀態與進行的工作

剛在作修復虛擬磁碟的工作，最主要是因為我們有將節點暫停與關機，所以一旦回復後，因 S2D 的儲存資源全部回復，而系統將會自動進行儲存資源的負載平衡作業，進而回復三向鏡像的容錯。然而隨著時間的進行，雖然系統會自動進行修復與再生整理，可是經過資料不斷的新增、修改與刪除等，還是會導致存放集區中資料的擺放不平均，因此，建議每隔一段時間需對存放集區進行最佳化作業。

現在，就來實作存放集區的最佳化作業，我們對 Nano-S2D_02 節點開啟兩個 PowerShell 模式，在第一個模式中鍵入 Get-StoragePool S2D* | Optimize-StoragePool 後按 Enter 鍵，開始作最佳化；我們可在另一個模式中鍵入 Get-StorageJob 後按 Enter 鍵，來看工作進度。

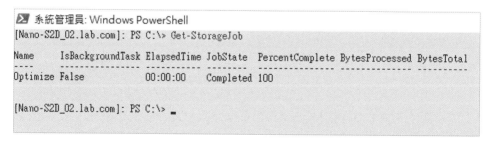

圖 7-229：開始進行最佳化

確認最佳化工作進度。

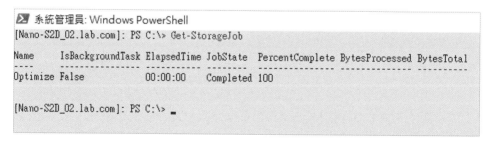

圖 7-230：確認工作進度

Hyper-V
災難防護與回復實作

天有不測風雲,再先進、穩固的系統也難保因人為的操作而導致系統錯誤,當然硬體設備的故障也是很難避免的,雖然使用叢集架構建置的系統都具有高可用性 HA(High Availability)的功能,可以防止系統因單點故障而無法順利運作,但卻不能避免因人為操作而導致的錯誤,甚至遇到天災整個機房都損毀時要如何處理。

因此,本章將再次的介紹如何以虛擬機的檢查點與匯出,來作為日常維運的防護,以及我們將介紹 Hyper-V Replica 與 Storage Replica 兩個功能,來實作一組異地備援的架構,用來防範當遇到重大天災時,如何可以確保系統能應急的運作。

8·1 Hyper-V 虛擬機的檢查點與匯出

8·1·1 虛擬機檢查點的建立

日常在使用虛擬機時建立檢查點是相當重要的工作,即使系統有 HA、有完整的備份防護,還是建議在虛擬機運作都沒問題時建立一個檢查點。檢查點雖然好用但也不可建立太多,因為檢查點會吃資源,太多會讓虛

擬機的效能減弱,建議每次保持一份可正確執行的檢查點。為什麼即使系統有完整的備份機制,還是建議建立檢查點呢?

因為如果虛擬機上是在執行資料庫,因人為不當的操作而導致資料毀損或錯誤時,即使有備份機制,一旦備份機制將錯誤的部分也一起備份,即便還原回來,錯誤依舊存在。所以這時只要將虛擬機回復檢查點,那麼就回復到原本錯誤還沒發生前正常運作的狀態了。或是準備要安裝一套不確定是否會影響系統運作的新軟體,也可以在安裝前建立一個檢查點,安裝後如果發現系統錯誤,即可立即回復安裝前正常運作的系統。因此檢查點是系統虛擬化後,非常簡易、好用又強大的功能。

我們延續第 7 章的範例,在「容錯移轉叢集管理員」中點選「AP-Cluster」下的「角色」,以滑鼠右鍵點選「Web」虛擬機後點選「管理」,以開啟 Hyper-V 管理員。

圖 8-1:開啟 Hyper-V 管理員

在「Hyper-V 管理員」中,以滑鼠右鍵點選「Web」虛擬機,點選「檢查點」。

圖 8-2:建立檢查點

開始建立檢查點。

圖 8-3:檢查點建立中

檢查點建立完成，點選「確定」。

圖 8-4：檢查點建立完成

在 GUI Server 上開啟檔案總管，鍵入 \\192.168.2.20\c$\Program Files\
Apache Software Foundation\Tomcat 8.5\webapps\ROOT\，在 Tomcat
的 ROOT 目錄下，我們用滑鼠右鍵點選「confirm.jsp」，點選「刪除」。

圖 8-5：刪除 confirm.jsp 程式

成功刪除 confirm.jsp，用以模擬因人為的操作不當而將 confirm.jsp 的程式
刪除。

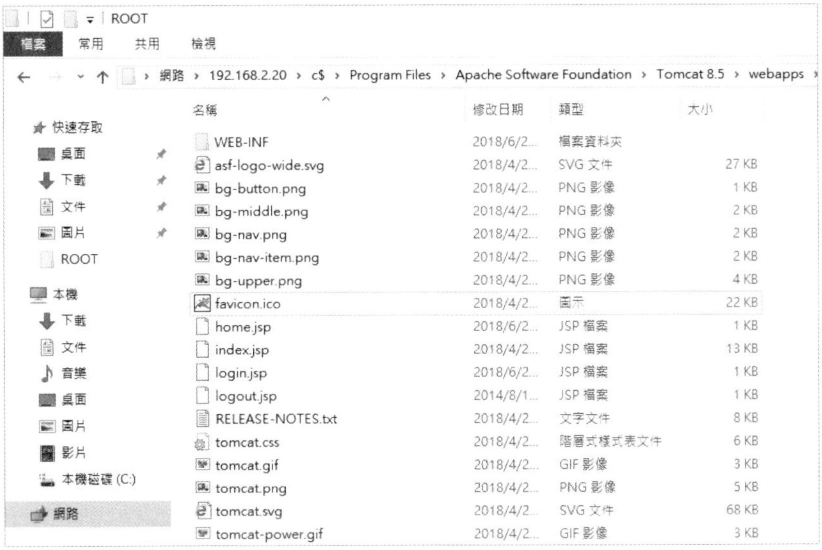

圖 8-6：confirm.jsp 程式已刪除

當 confirm.jsp 被刪除後，程式將無法運作，這時怎麼辦呢，我們只要回復
之前建立的檢查點，就可以回復至系統運作都正常的狀態。回到「Hyper-V
管理員」，點選「Web」虛擬機，在下方的檢查點以滑鼠右鍵點選我們之前
建立的「檢查點」，點選「套用」。

圖 8-7：套用檢查點

跳出「套用檢查點」提示視窗，確定要套用選取的檢查點，點選「套用」。

圖 8-8：確定套用檢查點

檢查點套用進行中。

圖 8-9：檢查點套用中

套用完成後，虛擬機將被關機，此時我們以滑鼠右鍵點選「Web」虛擬機，點選「啟動」將其開機。

圖 8-10：套用完成虛擬機將關閉，啟動將其開機

待虛擬機開機後，我們再進入 Web 虛擬機裡 Tomcat 的 ROOT 下，可發現 confirm.jsp 依然存在，系統即回復正常運行的狀態下了。所以建立檢查點真的是對系統防護一個簡單、方便又強大的功能。

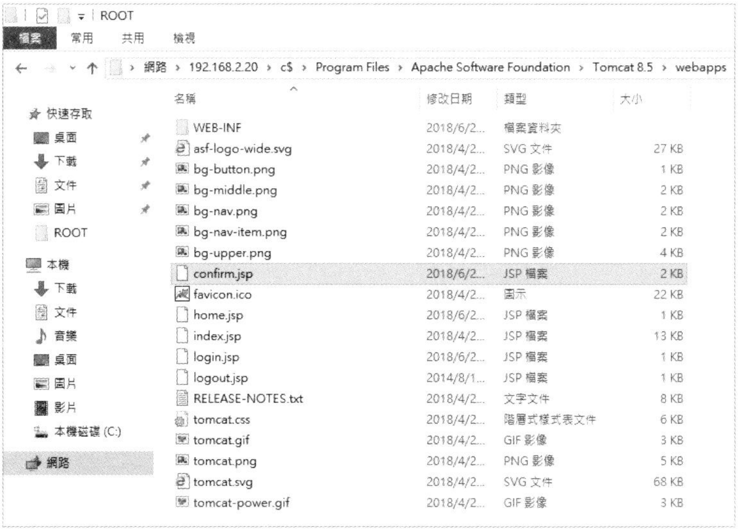

圖 8-11：confirm.jsp 回復了

8·1·2 虛擬機匯出的功能

當然一個完整的系統良好的備份機制是一定要有的,坊間也有很多好用的備份工具軟體可以使用,但如果系統內的虛擬機不多,或是經費不足,使用 Hyper-V 虛擬機匯出的功能,也可以作到相當於使用備份工具軟體一樣,只不過是全部要人工手動來操作。

在虛擬機正常運作下時,除了可建立檢查點來作為系統問題的防護外,再來就是可以將整個虛擬機匯出。可在系統上任何儲存空間中存一份外,也可以使用媒體存放到異地保留一份,當系統發生任何災難時,可將此份匯入迅速恢復虛擬機。我們已在 File Server 上建立了一個 BackUp 的共用路徑,用來存放匯出的虛擬機。在 Hyper-V 管理員的「AP-01」中,以滑鼠右鍵點選「Web」虛擬機後,點選「匯出」。

圖 **8-12**:匯出 Web 虛擬機

匯出虛擬機,在位置中鍵入 \\File\BackUp\ 共用路徑,完成後點選「匯出」。

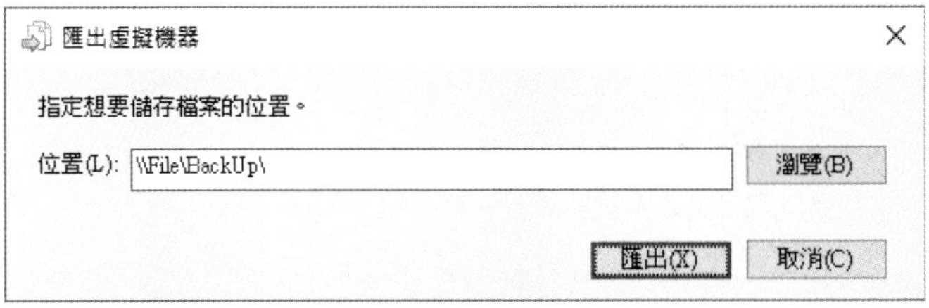

圖 **8-13**:鍵入虛擬機匯出的儲存路徑

匯出進行中。

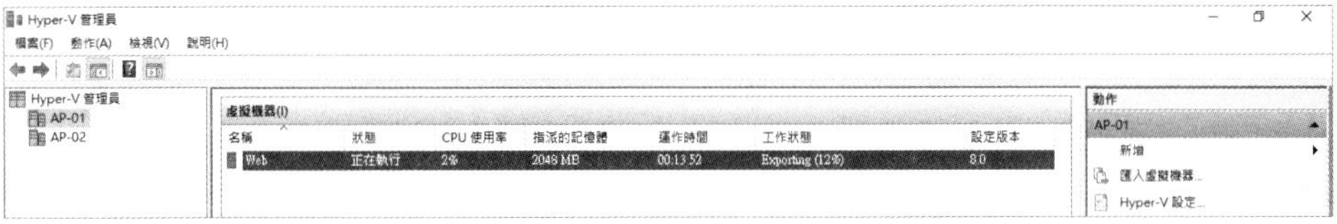

圖 **8-14**:匯出進行中

匯出後,我們即可看到,在 \\192.168.1.11\c$\ClusterStorage\Volume1\
BackUp 下多了 Web 目錄。

圖 **8-15**:匯出到 BackUp 目錄

匯出的虛擬機可隨時在 Hyper-V 上匯入，我們先將在 BackUp 裡的 Web 目錄 Copy 至 Ap-02 Server 的 C 槽內（\\192.168.2.12\c$）。

圖 8-16：Copy Web 目錄至 AP-02 的 C 槽下

在 Hyper-V 管理員的「AP-02」中，點選右邊「匯入虛擬機器」。

圖 8-17：匯入虛擬機

開始匯入虛擬機器，點選「下一步」。

圖 8-18：開始匯入虛擬機器

進入「尋找資料夾」頁面，在資料夾中鍵入欲匯入虛擬機存放的路徑位置，點選「下一步」。

圖 8-19：尋找資料夾

進入「選取虛擬機器」頁面，點選「Web」虛擬機後點選「下一步」。

圖 8-20：選取虛擬機器

進入「選擇匯入類型」頁面，點選「就地登錄虛擬機器（使用現有的唯一識別碼）」，如果虛擬機的目錄不是放在預期目錄裡的話，就選「還原虛擬機（使用現有的唯一識別碼）」，它將會指定要存放的位置，然後 Copy 一份過去。

如果選擇「複製虛擬機器（建立新的唯一識別碼）」，不僅是 Copy 一份至指定的位置外，還會重新建立一個識別碼。這樣 AD 會認為是另一個新的 WebServer，如果是使用現有的識別碼，對 AD 來說還是原來那台 Web Server。點選「下一步」。

圖 8-21：選擇匯入類型

進入「正在完成匯入精靈」頁面，確認資訊無誤後，點選「完成」。

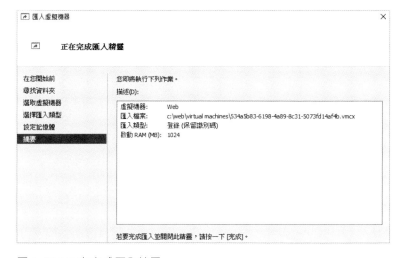

圖 8-22：正在完成匯入精靈

完成匯入。

圖 8-23：Web 匯入至 AP-02 上

成功將 Web 虛擬機匯入至 AP-02 上後，回到容錯移轉叢集管理員中，在
「AP-Cluster」叢集下的「角色」中，以滑鼠右鍵點選「Web」虛擬機，點
選「關機」。

圖 8-24：將容錯移轉叢集管理員中的 Web 虛擬機關機

Web 虛擬機關機後，再以滑鼠右鍵點選「Web」虛擬機，點選「移除」，將
其移出高可用性的角色。

圖 8-25：將 Web 虛擬機移出高可用性的角色

回到 Hyper-V 管理員的「AP-02」中，以滑鼠右鍵點選「Web」虛擬機，點選「啟動」。

圖 **8-26**：啟動 AP-02 上的 Web 虛擬機

待 AP-02 上的 Web 虛擬機開機成功後，回到 Hyper-V 管理員的「AP-01」中，以滑鼠右鍵點選「Web」虛擬機，點選「刪除」，將其刪除。

圖 **8-27**：將 AP-01 上的 Web 虛擬機刪除

進入共用磁碟下的 AP Cluster 裡（\\192.168.1.11\c$\Cluster Storage\
Volume1\AP Cluster），將 Web 目錄中原有的檔案都刪除，因為我們要將
AP-02 上 Web 虛擬機加入高可用性，並將存放裝置移至這裡。

圖 **8-28**：將 AP Cluster 裡 Web 目錄中原有的檔案刪除

回到「容錯移轉叢集管理員」，在「AP-Cluster」下，以滑鼠右鍵點選「角
色」後，點選「設定角色」。

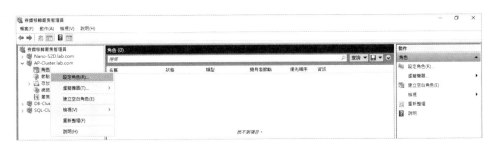

圖 **8-29**：設定叢集角色

開啟「高可用性精靈」，點選「下一步」。

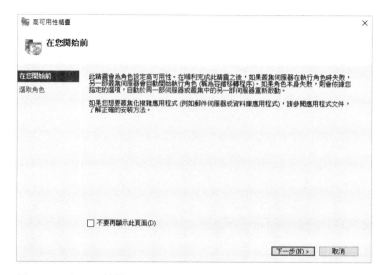

圖 8-30：高可用性精靈

進入「選取角色」頁面，點選「虛擬機器」後點選「下一步」。

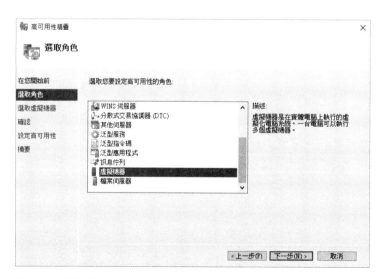

圖 8-31：選取角色

進入「選取虛擬機器」頁面，勾選「Web」虛擬機，點選「下一步」。

圖 8-32：選取虛擬機器

進入「確認」頁面，確認資訊無誤後，點選「下一步」。

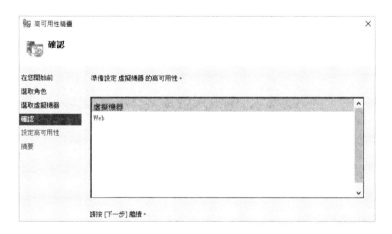

圖 8-33：確認

進入「摘要」頁面，順利設定為高可用性角色，但有警告出現，因為存放裝置為非共用存放裝置，點選「完成」。

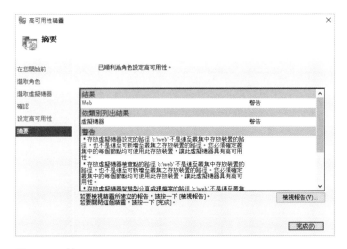

圖 8-34：摘要

再以滑鼠右鍵點選「Web」虛擬機後，點選「移動」，再點選「虛擬機器存放裝置」。

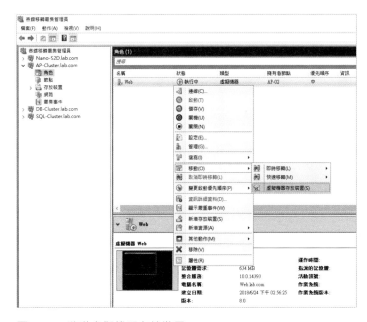

圖 8-35：移動虛擬機器存放裝置

移動虛擬機器存放裝置，在下方點選「新增共用」。

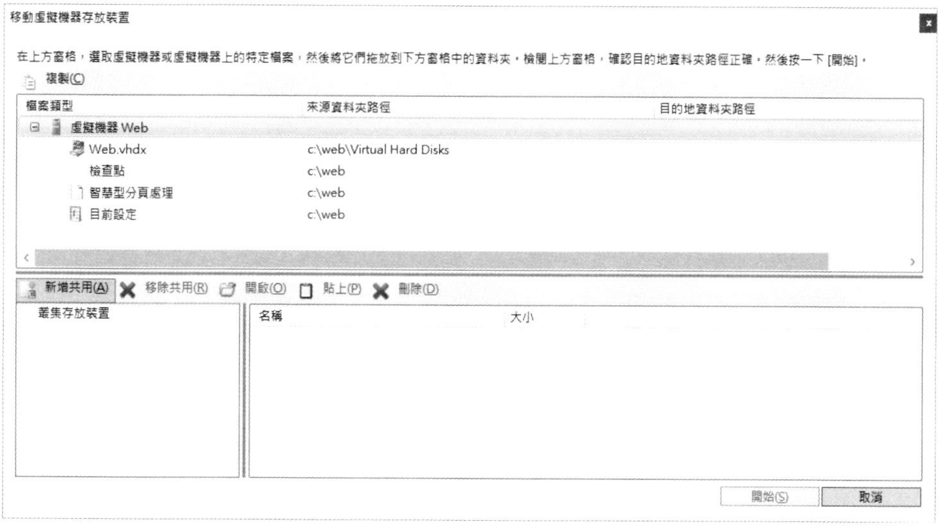

圖 8-36：新增共用

開啟「新增共用」視窗，在「共用」中鍵入共用路徑，點選「確定」。

圖 8-37：鍵入共用路徑

將上方虛擬機器 Web，整個拖曳至下方 Web 目錄內，點選「開始」。

圖 8-38：拖曳虛擬機器 Web

存放裝置移轉進行中。

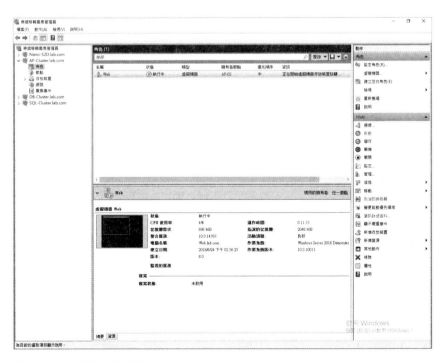

圖 8-39：存放裝置移轉進行中

待存放裝置移轉完成後,可看到目前 Web 虛擬機的擁有者節點為 AP-02。
以滑鼠右鍵點選「Web」虛擬機,再點選「移動」,然後點選「即時移轉」,
最後點選「最佳可行節點」。

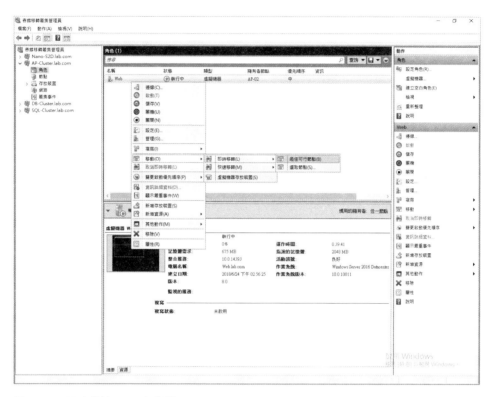

圖 8-40:即時移轉 Web 虛擬機

移轉完成,Web 虛擬機又回到 AP-01 上執行。之所以在匯入的部分這麼複
雜,主要是因為 Hyper-V 管理員在虛擬機匯入時,匯入的來源位置不支援共
用路徑,所以我們要先將匯出的目錄 Copy 至實體機的 C 槽下,再使用高可
用性的功能移動至共用路徑內。

圖 **8-41**：AP-01 執行 Web 虛擬機

本節將要介紹在 Hyper-V 上一個備援的方案 Hyper-V Replica 與在 Windows Server 2016 新增的功能儲存體複本（Storage Replica）。這兩種都可用在異地備援的方案中，至於喜歡使用哪個就由讀者自行選擇了。

在主中心端也就是資料中心（Data Center），我們使用 DC-01 與 DC-02 兩個 Nano Server 節點建立一個 DC-Cluster 超融合叢集；在異地端備援（Disaster Recovery）一樣使用 DR-01 與 DR-02 兩個 Nano Server 節點建立 DR-Cluster 超融合叢集。我們在 DC-Cluster 叢集中使用 Server Core

建立兩台虛擬機：一個為 Web 虛擬機，一個為 SQL 虛擬機，上面執行 SQL Server，並在這組虛擬機中執行第 7 章的小程式，然後使用 Hyper-V Replica 將 Web 虛擬機複寫一份至 DR-Cluster 叢集，而 SQL 虛擬機安裝在 vDisk 的共用磁碟上。在 DR-Cluster 叢集中，我們也建置一個一樣大小的 vDisk 共用磁碟，使用儲存體複本的功能將這兩個 vDisk 同步複寫，在切換 到 DR-Cluster 叢集時，再將 SQL 虛擬機掛上 DR-Cluster 叢集中執行。

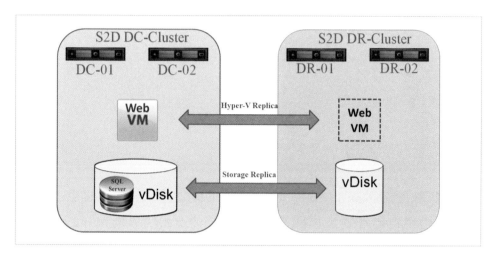

圖 8-42：異地備援架構示意圖

我們使用兩個 Nano Server：DC-01 與 DC-02 建立 1 組 DC-Cluster 超融合 容錯移轉叢集為主中心端，其 IP 192.168.1.XX 為 Service 網段，172.10.10. XX 為 Heartbeat 網段。

圖 8-43：主中心端 DC-Cluster 超融合容錯移轉叢集

一樣使用兩個 Nano Server：DR-01 與 DR-02 建立 1 組 DR-Cluster 超融合容錯移轉叢集為異地備援端，其 IP 192.168.4.XX 為 Service 網段，172.10.40.XX 為 Heartbeat 網段。

圖 8-44：異地備援端 DR-Cluster 超融合容錯移轉叢集

且在 DC-Cluster 與 DR-Cluster 超融合容錯移轉叢集中，建立 S2DPool 與
StorePool 存放集區，並都建立 vDisk、VM 與 Log 虛擬磁碟。我們將 SQL
虛擬機執行在 vDisk 叢集共用磁碟區上，將 Web 虛擬機執行在 VM 叢集共
用磁碟區上，而 Log 是用來在建立儲存體複本時存放紀錄用的。

圖 **8-45**：S2DPool 與 StorePool 存放集區

在此要特別說明，要使用儲存體複本（Storage Replica）的功能，都必須要
安裝檔案伺服器與儲存體複本的功能。在 Nano Server 上是 File Server 與
Storage Replica 功能，安裝後 Server 要重新啟動。

圖 8-46：在 Nano Server 上安裝 File Server 功能

且儲存體複本的功能，如果是使用 Nano Server，只能與 Nano Server 建立，Server Core 可與 Server Core 或 GUI 建立，但 Nano Server 與 Server Core 或 GUI 是不能建立的。

圖 8-47：在 Nano Server 上安裝 Storage Replica 功能

8·2·1 建立 Web 虛擬機 Hyper-V Replica

Hyper-V Replica 為 Hyper-V 本身內建的熱備援機制,它可將 Hyper-V 上所執行的虛擬機,經由網路抄寫一份至遠端另一台 Hyper-V 上,當然它也可以用在 Hyper-V 叢集對 Hyper-V 叢集的複寫。我們將第 7 章的 Web 虛擬機匯入至 DC-Cluster 叢集上來使用,並且啟用 Hyper-V Replica 的功能抄寫一份至異地端 DR-Cluster 叢集上。

圖 8-48:將 Web 虛擬機匯入 DC-Cluster 叢集上

因為我們使用的 Hyper-V Replica 是 Hyper-V 叢集對 Hyper-V 叢集的複寫,所以我們要先在 Hyper-V 叢集中各建立一個 Hyper-V 複本代理人的角色。如果是單機對單機作 Hyper-V Replica 就不需要代理人的角色了,但如果是單機對叢集,那叢集的部分都要有代理人的角色,代理人主要是提供存

放目的是要存放在叢集中哪個儲存位置。在容錯移轉叢集管理員中，以滑鼠
右鍵點選「DR-Cluster」叢集中的「角色」後，點選「設定角色」。

圖 **8-49**：設定 DC-Cluster 叢集角色

開啟「高可用性精靈」，點選「下一步」。

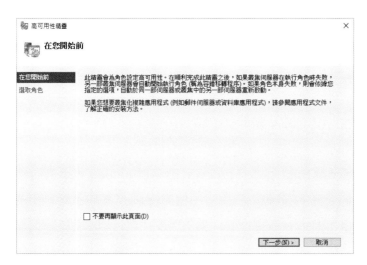

圖 **8-50**：高可用性精靈

進入「選取角色」頁面，點選「Hyper-V 複本代理人」後，點選「下一步」。

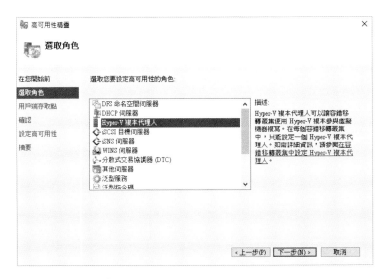

圖 8-51：選取角色

進入「用戶端存取點」頁面，在名稱中鍵入 Hyper-V 複本代理人名稱，在位址中鍵入代理人 IP 後，點選「下一步」。

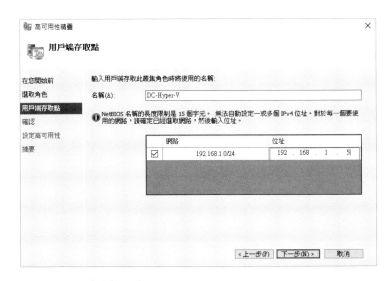

圖 8-52：用戶端存取點

確認資訊無誤後，點選「下一步」。

圖 8-53：確認

進入「摘要」頁面，Hyper-V 複本代理人建立完成，並具備高可用性，點選「完成」。

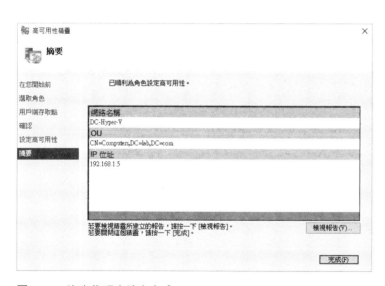

圖 8-54：複本代理人建立完成

建立好 DC-Hyper-V 複本代理人的角色後，以滑鼠右鍵點選「DC-Hyper-V」
角色，點選「複寫設定」。

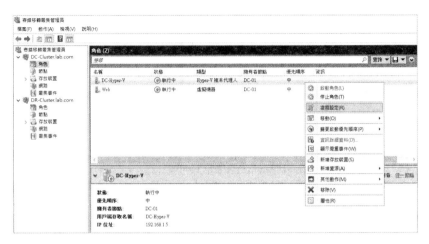

圖 8-55：DC-Hyper-V 複寫設定

開啟「Hyper-V 複本代理人設定」視窗，勾選「啟用此叢集做為複本伺服
器」及「使用 KerBeros（HTTP）」，點選「允許來自任何已驗證之伺服器的
複寫」，在指定用來存放複本檔案的預設位置，鍵入叢集共用磁碟區路徑，
完成後點選「確定」。

圖 8-56：DC-Hyper-V 複寫設定內容

提示防火牆的開放,點選「確定」。

圖 8-57:防火牆開放提示

同樣在「DR-Cluster」叢集中也建立 1 名為 DR-Hyper-V 的複本代理人,其 IP 為 192.168.4.5。

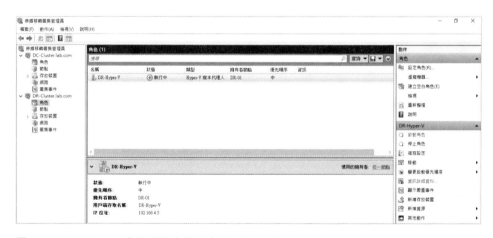

圖 8-58:DR-Cluster 叢集的複本代理人 DR-Hyper-V

DR-Hyper-V 的複寫設定內容如下。

圖 **8-59**：DR-Hyper-V 複寫設定內容

複本代理人都建立好後，就可以開始建立 Web 虛擬機的複寫。在「DC-Cluster」叢集的「角色」中以滑鼠右鍵點選「Web」虛擬機，點選「複寫」，再點選「啟用複寫」。

圖 **8-60**：Web 虛擬機啟用複寫

開啟「為 Web 啟用複寫」精靈，點選「下一步」。

圖 8-61：啟用複寫精靈

進入「指定複本伺服器」頁面，在複本伺服器中，鍵入目的端的複本代理人
角色，點選「下一步」。

圖 8-62：指定複本伺服器

進入「指定連線參數」頁面，驗證類型中點選「使用Kerberos驗證（HTTP）」，勾選「壓縮透過網路傳輸的資料」，點選「下一步」。

圖 8-63：指定連線參數

進入「選擇複寫 VHD」頁面，勾選要複寫的硬碟檔，點選「下一步」。

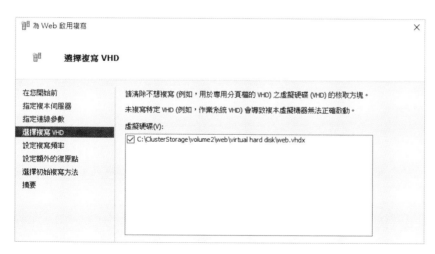

圖 8-64：選擇複寫 VHD

進入「設定複寫頻率」頁面，因我們的 WebServer 變動率不高，所以選擇「15 分鐘」，完成後點選「下一步」。

圖 **8-65**：設定複寫頻率

進入「設定額外的復原點」頁面，點選「只保留最新的復原點」後，點選「下一步」。

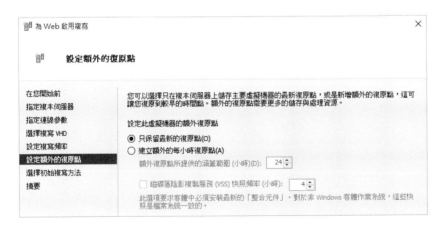

圖 **8-66**：設定額外的復原點

進入「選擇初始複寫方法」頁面，點選「透過網路傳送初始複本」，再點選「立即開始進行複寫」，完成後點選「下一步」。

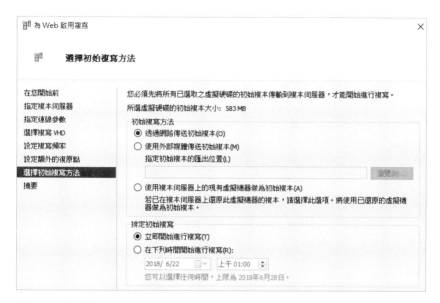

圖 **8-67**：選擇初始複寫方法

進入「正在完成〔啟用複寫〕精靈」頁面，確認資訊無誤後，點選「完成」。

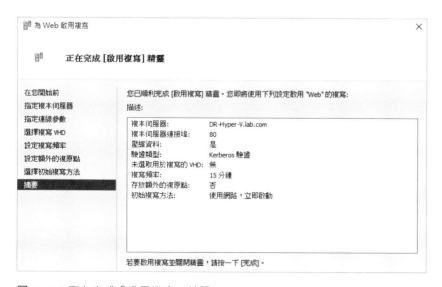

圖 **8-68**：正在完成「啟用複寫」精靈

建立完成，在下面複寫的部分，可看到複寫狀態：複寫已啟用；複寫健康情況：正常。

圖 8-69：複寫已啟用

複寫建立完成後，我們要設定各自 Web 虛擬機的 IP，因為是使用異地備援，所以主中心端與異地端是不同的網段。我們先設定主中心端的 IP，以滑鼠右鍵點選「Web」虛擬機，點選「設定」。

圖 8-70：設定 Web 虛擬機的 IP

在左邊點選「網路介面卡」，再點選「容錯移轉 TCP/IP」，右邊勾選「為虛擬機器使用下列 IPv4 位址配置」，鍵入 IPv4 位址、子網路遮罩、預設閘道與慣用 DNS 伺服器，點選「確定」。

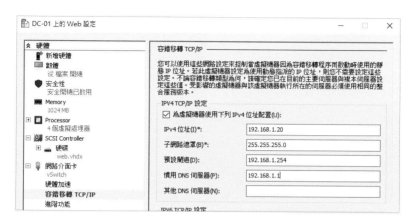

圖 **8-71**：Web 虛擬機容錯移轉 TCP/IP 設定

在 DR-Cluster 叢集中的 Web 虛擬機，其容錯移轉 TCP/IP 設定如下圖，IP 位址為 192.168.4.20，相對 DC-Cluster 叢集的 IP。

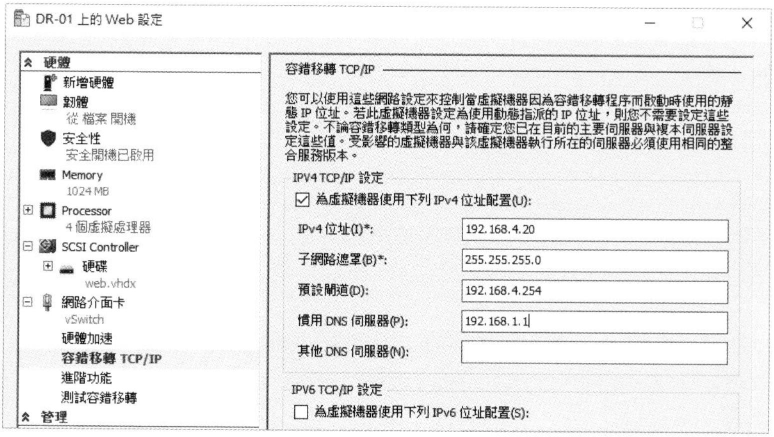

圖 **8-72**：異地端虛擬機容錯移轉 TCP/IP 設定

至此 Hyper-V Replica 的設定就都完成了。

8·2·2 建立 SQL Server 儲存體複本（Storage Replica）

我們在 DC-Cluster 叢集上用 Server Core 建立於 vDisk 中的一個 SQL 虛擬機，並在上安裝 SQL Server，然後使用儲存體複本的功能，將 DC-Cluster 叢集上的 vDisk 整個與 DR-Cluster 叢集上的 vDisk 同步，複寫完成後便可將主中心端的 SQL Server 切換掛上至異地端來執行作為備援。因為我們要安裝 SQLServer，所以要先安裝 .NET Framework 3.5。

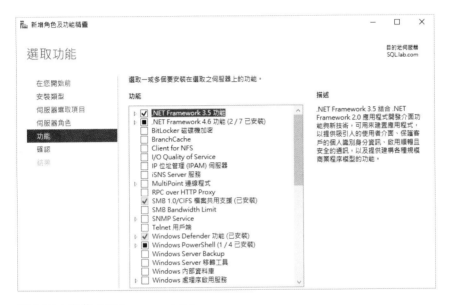

圖 **8-73**：安裝 .NET Framework 3.5

上述工作都準備好後，就可以開始安裝 SQL Server 了，當然要先掛上 SQL Server 安裝的光碟 ISO 檔，然後進入 SQL 切換至 D 槽，鍵入 Setup.exe /QS /ACTION=Install /FEATURES=SQLEngine,CONN /INSTANCENAME =MSSQLSERVER /IACCEPTSQLSERVERLICENSETERMS="True" / UPDATEENABLED=False /SAPWD=P@ssw0rd /SECURITYMODE=SQL / SQLCOLLATION=Chinese_Taiwan_Stroke_CI_AS /TCPENABLED=1 / SQLSYSADMINACCOUNTS=BUILTIN\Administrators 後按 Enter 鍵，開始安裝 SQL Server。

```
系統管理員: C:\Windows\system32\cmd.exe - Setup.exe /QS /ACTION=Install /FEATURES=SQLEngine,CONN /INSTANCENAME=MSSQLSERVER /IACCEPTSQLSERVERLICENSETERMS="True" /UPDATEENABLED...   □ 囧

C:\Users\Administrator>D:

D:\>Setup.exe /QS /ACTION=Install /FEATURES=SQLEngine,CONN /INSTANCENAME=MSSQLSERVER /IACCEPTSQLSERVERLICENSETERMS="True" /UPDATEENABLED=False /SAPWD=P@ssw0r
d /SECURITYMODE=SQL /SQLCOLLATION=Chinese_Taiwan_Stroke_CI_AS /TCPENABLED=1 /SQLSYSADMINACCOUNTS=BUILTIN\Administrators
Microsoft (R) SQL Server 2016 13.00.4001.00
Copyright (c) 2016 Microsoft. 著作權所有，並保留一切權利。

Microsoft .NET Framework CasPol 4.6.1586.0
for Microsoft .NET Framework 版本 4.6.1586.0
Copyright (C) Microsoft Corporation. 著作權所有，並保留一切權利。

警告: 根據預設，.NET Framework 不會套用 CAS 原則。CasPol 所顯示或修改的任何設定都只會在您選擇使用 CAS 原則後才會影響應用程式。

如需詳細資訊，請參閱 http://go.microsoft.com/fwlink/?LinkId=131738。

成功
Microsoft .NET Framework CasPol 4.6.1586.0
for Microsoft .NET Framework 版本 4.6.1586.0
Copyright (C) Microsoft Corporation. 著作權所有，並保留一切權利。

警告: 根據預設，.NET Framework 不會套用 CAS 原則。CasPol 所顯示或修改的任何設定都只會在您選擇使用 CAS 原則後才會影響應用程式。

如需詳細資訊，請參閱 http://go.microsoft.com/fwlink/?LinkId=131738。

成功
SQL Server 2016 會將您安裝體驗的相關資訊，以及其他使用方式與效能資料傳送給 Microsoft，以協助改善產品。如需深入了解 SQL Server 2016 的資料處理與隱私權控制，請
參閱 隱私權聲明。
```

圖 **8-74**：開始安裝 SQL Server

SQL Server 安裝進行中。

![SQL Server 2016 安裝程式 - 安裝進度]

安裝進度

安裝安裝檔案
安裝進度

Install_VC10Redist_Cpu64_Action

圖 **8-75**：SQL Server 安裝進行中

SQL Server 安裝完成。

```
成功
SQL Server 2016 會將您安裝體驗的相關資訊，以及其他使用方式與效能資料傳送給 Microsoft，以協助改善產品。如需深入了解 SQL Server 2016 的資料處理與隱私權控制，請
參閱 隱私權聲明。

D:\>_
```

圖 **8-76**：SQL Server 安裝完成

我們繼續使用第 7 章的小程式,所以也將之前的 Progrom 資料庫再匯入 SQL 資料庫上。

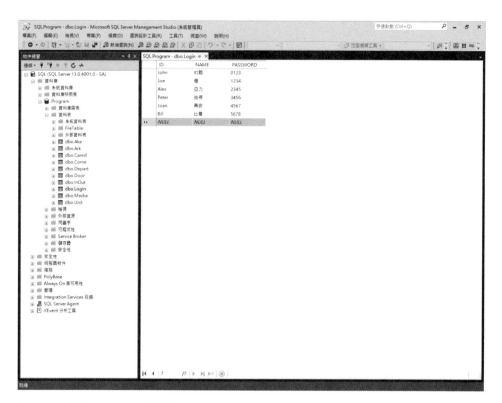

圖 8-77:匯入 Program 資料庫

SQL Server 準備好後,開始建立儲存體複本(Storage Replica),它是透過區塊層級的方式複寫,可分別針對延展式叢集(Stretch Cluster)、叢集對叢集(Cluster to Cluster)與伺服器對伺服器(Server to Server),皆可採同步(Synchronusly)或非同步(Asynchronously)的模式複寫。

我們要設定 vDisk 的儲存體複本,目前建立儲存體複本只能使用 PowerShell 指令,而當複寫建立時還會需要一個小儲存空間來存放 Log。所以我們要在兩邊叢集分別建立一個 20GB 的存放裝置,並掛給叢集 X 槽,而儲存 Log 的空間不可以是共用磁碟區。

圖 8-78：儲存體複本 Log 紀錄磁碟區

在 GUI Server 上以系統管理員開啟 PowerShell 指令介面，這個前提是本身 GUI Server 也要安裝儲存體複本這個功能，它才會認得儲存體複本的 PowerShell 指令。鍵入 Grant-SRAccess -ComputerName DC-01 -Cluster DR-Cluster 後按 Enter 鍵；鍵入 Grant-SRAccess -ComputerName DR-01 -Cluster DC-Cluster 後按 Enter 鍵，主要是要讓兩個叢集彼此完全控制權限的授權，這樣之後才可以作雙向的複寫。只要對叢集的任一節點對對方叢集授權便可，不需對每個節點，授權完後鍵入 New-SRPartnership -SourceComputerName DC-Cluster -SourceRGName rg01 -SourceVolumeName c:\ClusterStorage\Volume1 -SourceLogVolumeName X: -DestinationComputerName DR-Cluster -DestinationRGName rg02 –DestinationVolumeName c:\ClusterStorage\Volume1 -DestinationLogVolumeName X: 後按 Enter 鍵，建立儲存體複本。

圖 8-79：建立儲存體複本

- New-SRPartnership 建立儲存體複本關係

- -SourceComputerName 設定來源主機

- -SourceRGName 設定來源群組

- -SourceVolumeName 設定來源複寫的磁碟代號

- -SourceLogVolumeName 設定來源 Log 存放磁碟代號

- -DestinationComputerName 設定目的主機

- -DestinationRGName 設定目的群組

- -DestinationVolumeName 設定目的複寫的磁碟代號

- -DestinationLogVolumeName 設定目的 Log 存放磁碟代號

儲存體複本建立後，可看到正在進行初始區塊復製，且目的端的磁碟在複寫的狀態下是不可讀取的。

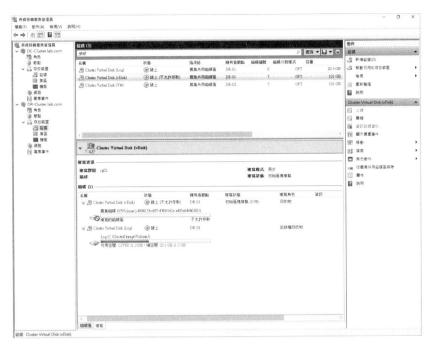

圖 8-80：正在進行初始區塊復製

初始複寫完成後，就進行持續複寫。

圖 8-81：持續複寫中

至此 SQL Server 儲存體複本（Storage Replica）的安裝設定都已完成。

8·3 異地備援架構實作

當 Web 虛擬機的 Hyper-V Replica 與 SQL 虛擬機的 Storage Replica 都建好後，我們的異地備援架構便已完成，一旦有災難發生，致使主中心端暫時不能運作時，我們便需要將系統切換到異地端，以便讓系統得以持續運作，服務不中斷。而在異地備援的部分我們來介紹兩個名詞：

- 系統回復時間目標 Recovery Time Objective（RTO）：RTO 指的是當災難發生時，將系統復原所需花費的時間，依我們範例的作法，其系統回復時間目標（RTO）將小於 30 分鐘。

- 資料回復時點目標 Recovery Point Objective（RPO）：RPO 指的是當災難發生時，企業能夠接受資料遺失的多寡，也就是資料遺失的時間長短，一般 RPO 的計算還要考慮資料庫異動量的大小、備援兩端的距離及頻寬而有所不同，依我們範例的作法正常可作到 RPO 為 0，資料沒有落差。

目前系統在主中心端先來確認一下運作是否正常。開啟 SQL Server Management Studio 並連至 SQL Server，開啟 Program 資料庫中的 Login 資料表，可看到有 6 行資料。

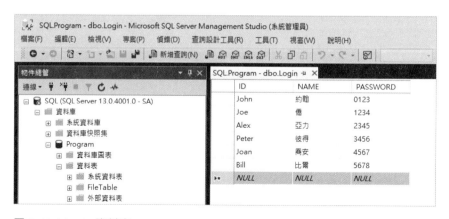

圖 8-82：Login 資料表

連到 192.168.1.20，主中心的 Web 虛擬機，也看到網頁可正常操作。

圖 8-83：主中心網頁可正常運作

在 Login 資料表中加入 1 行 DRTest 資料，會同步到異地端。

圖 8-84：增加 1 行 Login 資料表中資料

現在，模擬災難發生時，將主中心端切換至異地端。首先，切換 Web 的部分，啟用 Hyper-V Replica 的容錯移轉，在執行容錯移轉前，先確認主中心端的複寫健康情況是正常的。

圖 **8-85**：主中心端 Web 複寫健康情況正常

異地端 Web 虛擬機複寫健康情況也是正常，同時異地端在接受複寫時，它
的虛擬機是關機的，並且可看到狀態是顯示關閉（已鎖定）。

圖 **8-86**：異地端 Web 複寫健康情況正常

現在就開始執行 Web 虛擬機的容錯移轉，執行容錯移轉前要先將 Web 虛擬機關機，因為切換到異地後，我們要選擇反向複寫，所以要先將主中心端關機。點選「DC-Cluster」叢集中的「角色」，以滑鼠右鍵點選「Web」虛擬機，點選「關機」。

圖 8-87：將主中心端 Web 虛擬機關機

待 Web 虛擬機關機後，便開始執行 Web 虛擬機的容錯移轉。以滑鼠右鍵點選「Web」虛擬機，再點選「複寫」，點選「計劃的容錯移轉」。

圖 8-88：開始 Web 虛擬機的容錯移轉

開啟「計劃的容錯移轉」視窗，勾選「在容錯移轉後反轉複寫方向」和「在執行容錯移轉之後啟動複本虛擬機器」，點選「容錯移轉」。

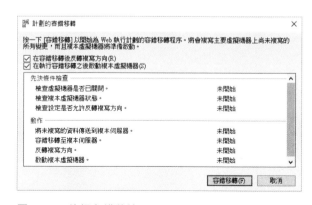

圖 8-89：執行容錯移轉

容錯移轉順利完成。

圖 **8-90**：容錯移轉完成

切換到異地端，可看到 DR-Cluster 叢集中的 Web 虛擬機已啟動在執行中，且複寫狀態顯示複寫已啟用，複寫健康情況顯示正常，現在 Web Server 已正式切換到異地端來運作了。

圖 **8-91**：DR-Cluster 中的 Web 虛擬機執行中

再來我們就要切換儲存體複本，也就是將主中心端 SQL Server 切換掛到異地端來執行 SQL Server，我們先將主中心端的 SQL 虛擬機關機。

圖 **8-92**：關閉 SQL 虛擬機

在 GUI Server 以系統管理員身分開啟 PowerShell 介面，鍵入 Set-SRPartnership -NewSourceComputerName DR-Cluster -SourceRGName rg02 -DestinationComputerName DC-Cluster -DestinationRGName rg01 後按 Enter 鍵，讓儲存體複本反向複寫。

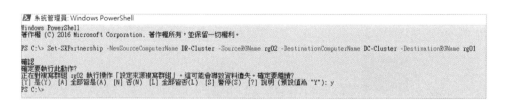

圖 **8-93**：儲存體複本反向複寫

即可看到 DC-Cluster 叢集中的 vDisk 已改為目的地，且不能讀取。

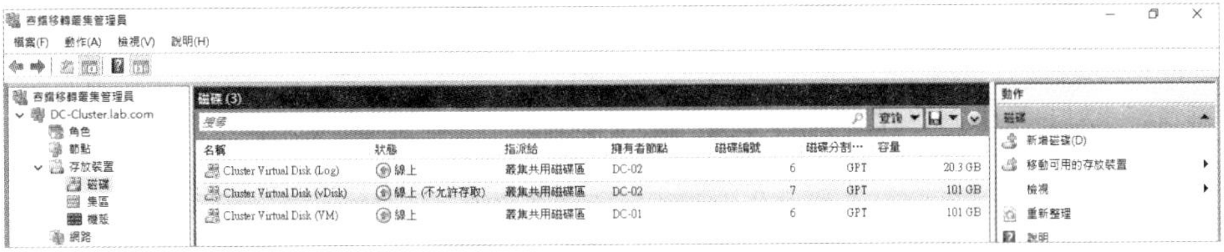

圖 8-94：DC-Cluster 叢集中的 vDisk 已改為目的地且不能讀取

我們開啟 Hyper-V 管理員連線 DR-02，並匯入虛擬機，將 SQL 虛擬機匯入。

圖 8-95：將 SQL 虛擬機匯入至 DR-02 上

在容錯移轉叢集管理員中，使用設定角色，將 SQL 虛擬機加入高可用性。

圖 8-96：SQL 取得高可用性

將 SQL 虛擬機加入 DR-Cluster 叢集的高可用性後,即可將其開啟。

圖 8-97:在 DR-Cluster 叢集中開啟 SQL 虛擬機

SQL 虛擬機啟動後,我們要進系統將 IP 改為 192.168.4.25,並開啟 SQL Server Management Studio,連進 SQL Server,開啟 Program 資料庫的 Login 資料表,即可看到我們建立的 DRTest 資料也複製過來了。

圖 8-98:DR-Cluster 叢集 SQL 上 Program 資料庫中的 Login 資料表

我們使用程式之前要先修改 confirm.jsp 裡資料庫連線的 IP，開啟檔案總管鍵入 192.168.4.20\c$\Program File\Apache Software Foundation\Tomcat 8.5\webapps\ROOT\ 下開啟 confirm.jsp，將程式中這行的 IP 位址改為 192.168.4.25，「"jdbc:sqlserver://192.168.4.25:1433;databaseName=Program","pino","186275"」。

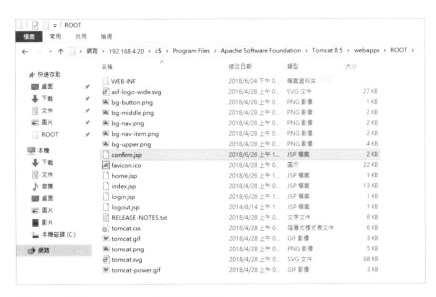

圖 8-99：修改 confirm.jsp 裡資料庫連線 IP

開啟 IE 瀏覽器，鍵入 192.168.4.20\home.jsp，在帳號鍵入 DRTest，密碼鍵入 DRTest 密碼，點選「登入」。

圖 8-100：連線程式鍵入登入帳密

即可看到程式已成功連入資料庫，我們的帳號驗證完成，登入成功。

圖 8-101：程式正確執行

系統切換到異地端運作後，等待主中心端的災難解除並修復。主中心端回復後，我們便要將系統切回主中心端，系統在異地端運作時，不論是 Hyper-V Replica 或 Storage Replic 同時都有啟動反向複寫的機制，所以不論系統在異地端作了什麼改變，切回主中心端後都會同步變更，所以我們一樣在 Login 資料表上再增加 MRTest 一行資料。

圖 8-102：增加測試資料

現在主中心端災難已解除，系統也都可以運作了，我們將系統切回主中心端。先將 Web 虛擬機切回，我們一樣要先將異地端的 Web 虛擬機關機，點選「DR-Cluster」叢集中的「角色」，再以滑鼠右鍵點選「Web」虛擬機，點選「關機」。

圖 **8-103**：關閉 DR-Cluster 中的 Web 虛擬機

待 Web 虛擬機關機後，以滑鼠右鍵點選「Web」虛擬機，再點選「複寫」，
點選「計劃的容錯移轉」。

圖 **8-104**：開始異地端 Web 虛擬機的容錯移轉

開啟「計劃的容錯移轉」視窗，勾選「在容錯移轉後反轉複寫方向」和「在
執行容錯移轉之後啟動複本虛擬機器」，點選「容錯移轉」。

圖 **8-105**：執行異地端 Web 虛擬機的容錯移轉

容錯移轉順利完成。

圖 8-106：容錯移轉完成

切回主中心端可看到 DC-Cluster 叢集上的 Web 虛擬機已在執行中。

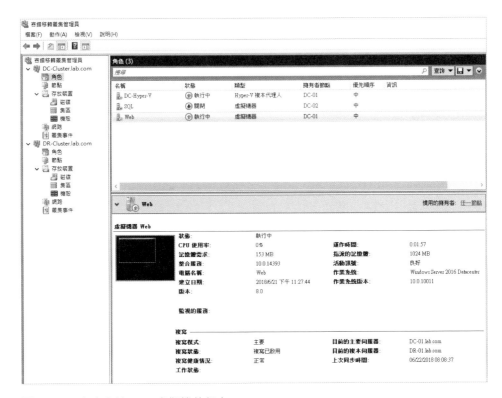

圖 8-107：主中心端 Web 虛擬機執行中

再來將 SQL Server 切回主中心的 SQL Server，我們先將 DR-Cluster 叢集上的 SQL 虛擬機關機。

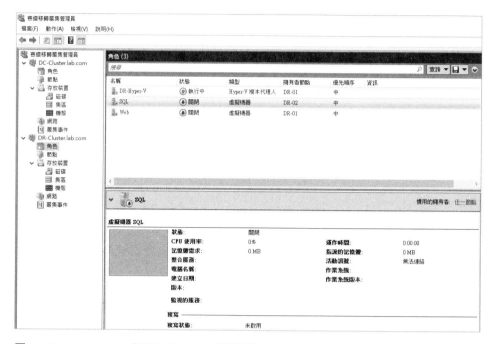

圖 **8-108**：DR-Cluster 叢集上的 SQL 虛擬機關機

在 GUI Server 以系統管理員身分開啟 PowerShell 介面，鍵入 Set-SRPartnership -NewSourceComputerName DC-Cluster -SourceRGName rg01 -DestinationComputerName DR-Cluster -DestinationRGName rg02 後按 Enter 鍵，讓儲存體複本再反向複寫。

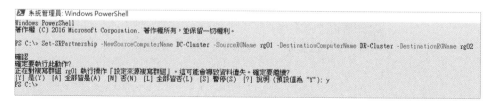

圖 **8-109**：儲存體複本反向複寫

DC-Cluster 叢集中的 vDisk 又回到為來源端，並持續複寫中。

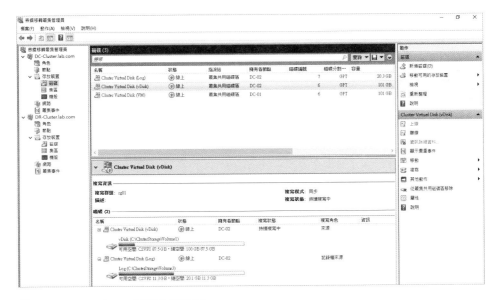

圖 8-110：DC-Cluster 回到為來源端

這裡補充說明，建立好儲存體複本後，我們也可以將儲存體複本解除，在來源端使用 Remove-SRPartnership，再依其資訊輸入。解除複寫狀態後，再使用 Remove-SRGroup 分別在兩端解除複寫群組，即可將儲存體複本解除。

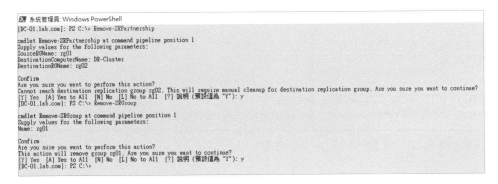

圖 8-111：解除儲存體複本與群組

將主中心端 DC-Cluster 叢集中的 SQL 虛擬機開機。

圖 8-112：開啟 DC-Cluster 叢集中的 SQL 虛擬機

開機後進系統將 IP 改為 192.168.1.25，並以 SQL Server Management Studio
連進 SQL Server，可看到在異地端建立的 MRTest 資料也複製過來了。

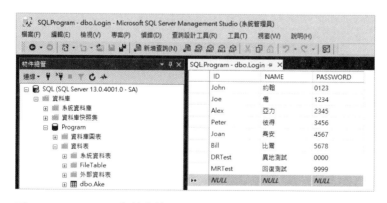

圖 8-113：Program 資料庫的 Login 資料表

因為 Hyper-V Replica 反向複寫的關係，所以我們先要以檔案總管進入
\\192.168.1.20\c$\Program Files\Apache Software Foundation\Tomcat
8.5\webapps\ROOT\，開啟 confirm.jsp，修改 SQL Server Cluster 的 IP

位址為 192.168.1.25，「 "jdbc:sqlserver://192.168.1.25:1433;databaseName=
Program","pino","186275" 」。

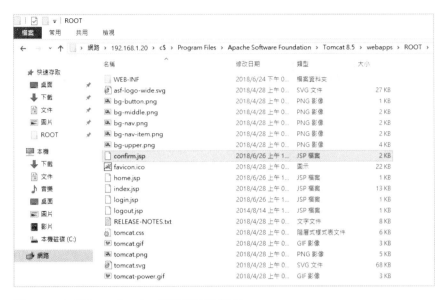

圖 8-114：修改 confirm.jsp 裡資料庫連線 IP

開啟 IE 瀏覽器，鍵入 192.168.1.20\home.
jsp，在帳號鍵入 MRTest，密碼鍵入 MRTest
密碼，點選「登入」。

圖 8-115：連線程式鍵入登入帳密

即可看到程式已成功連入資料庫，我們的帳
號驗證完成，登入成功。

圖 8-116：程式正確執行

如此便完成了整個異地備援的實作演練。

實戰高可用性 Hyper-V｜使用 Nano Server 與 Server Core 建置永不停機系統

作　　者：陳至善
企劃編輯：莊吳行世
文字編輯：王雅雯
設計裝幀：張寶莉
發 行 人：廖文良

發 行 所：碁峰資訊股份有限公司
地　　址：台北市南港區三重路 66 號 7 樓之 6
電　　話：(02)2788-2408
傳　　真：(02)8192-4433
網　　站：www.gotop.com.tw
書　　號：ACA025000
版　　次：2018 年 10 月初版
建議售價：NT$480

國家圖書館出版品預行編目資料

實戰高可用性 Hyper-V：使用 Nano Server 與 Server Core 建置永
　不停機系統 / 陳至善著. -- 初版. -- 臺北市：碁峰資訊, 2018.10
　　面；　公分
　ISBN 978-986-476-048-0(平裝)
　1.作業系統　2.虛擬實境
312.53　　　　　　　　　　　　　　　　　　　107016575

讀者服務

- 感謝您購買碁峰圖書，如果您對本書的內容或表達上有不清楚的地方或其他建議，請至碁峰網站：「聯絡我們」\「圖書問題」留下您所購買之書籍及問題。(請註明購買書籍之書號及書名，以及問題頁數，以便能儘快為您處理)
http://www.gotop.com.tw

- 售後服務僅限書籍本身內容，若是軟、硬體問題，請您直接與軟體廠商聯絡。

- 若於購買書籍後發現有破損、缺頁、裝訂錯誤之問題，請直接將書寄回更換，並註明您的姓名、連絡電話及地址，將有專人與您連絡補寄商品。

- 歡迎至碁峰購物網
http://shopping.gotop.com.tw
選購所需產品。